audepublishing.com

Primeira edição em brochura setembro de
2021.

Imprimir ISBN 9798486794483

Introdução

Bitcoin: Respondido é uma tentativa de desembaraçar a teia fragmentada de informações em torno do Bitcoin que está sendo recebida pelo público em geral. Independentemente das atitudes pessoais em relação às criptomoedas e ao Bitcoin (a maioria das quais, para aqueles que não foram estudados, são excessivamente otimistas ou excessivamente cínicas), o alcance da criptomoeda está crescendo a tal taxa, e sendo instalado no ecossistema financeiro a uma taxa tal, que não entender a história básica, conceitos e viabilidade do Bitcoin é muito mais prejudicial do que não. Espera-se que você ache essa informação bastante fascinante; O Bitcoin foi o primeiro de uma maneira totalmente nova de pensar sobre dinheiro e valor de transação. Ao final, você entenderá o escopo do Bitcoin, moedas digitais e blockchain; Muitos desses sistemas, como deve ser observado, são comparáveis apenas nos sentidos mais frouxos, e os casos de uso potenciais e aplicáveis de tal tecnologia são bastante surpreendentes, especialmente considerando que o ecossistema da moeda fiduciária mudou pouco desde a remoção das moedas do padrão-ouro há meio século. Pensar em todas as criptomoedas como Bitcoin e no Bitcoin como uma bolha marginal é simplesmente errado; Sim, o Bitcoin está longe de ser perfeito, mas há muito mais no que é, essencialmente, a digitalização e descentralização do valor. Este livro aborda todos esses conceitos e muito mais através de um formato simples e baseado em perguntas, começando com "o que é Bitcoin?" Sinta-se livre para folhear de acordo com seu conhecimento, ou para ler capa a capa; De qualquer forma, minha esperança e a esperança da minha equipe é que você saia deste livro com uma compreensão do Bitcoin de um ponto de vista sentimental, técnico, histórico e conceitual, bem como ao lado de um interesse contínuo e desejo de aprender mais. Outros recursos podem ser encontrados no verso do livro.

Agora, seguimos em frente, na nobre busca do conhecimento. Aproveite o livro.

O que é Bitcoin?

Bitcoin é muitas coisas: uma rede global de computadores de código aberto, peer-to-peer, uma coleção de protocolos, um ouro digital, a vanguarda de um novo balde de tecnologia, uma criptomoeda. No físico; Bitcoin são 13.000 computadores executando vários protocolos e algoritmos. Em conceito, o Bitcoin é um meio global de transação fácil e segura; uma força democratizante e um meio de financiamento transparente e anônimo. Na ponte entre físico e conceitual, o Bitcoin é uma criptomoeda; um meio e reserva de valor que existe puramente online, sem qualquer forma física. Tudo isso, no entanto, é como fazer a pergunta "o que é dinheiro?" e responder "pedaços de papel". Quem não está familiarizado com o Bitcoin e lê o parágrafo acima quase certamente sairá com mais perguntas do que respostas; por essa razão, a pergunta "o que é Bitcoin?" é, em essência, a questão deste livro, e através de uma análise de cada parte, você pode esperançosamente chegar a uma compreensão do todo.

Quem começou o Bitcoin?

Satoshi Nakamoto é o indivíduo, ou possivelmente o grupo de indivíduos, que criou o Bitcoin. Não se sabe muito sobre essa figura misteriosa, e seu anonimato gerou inúmeras teorias da conspiração. Embora Nakamoto tenha se listado como um homem de 45 anos do Japão em um site oficial de fundações peer-to-peer, ele usa expressões idiomáticas britânicas em seus e-mails. Além disso, os carimbos de data/hora de seu trabalho se alinham melhor com alguém baseado nos EUA ou no Reino Unido. A maioria acredita que seu desaparecimento foi planejado (muitos ligaram seu trabalho a referências bíblicas) e outros acreditam que uma organização governamental, como a CIA, estava ligada ao seu desaparecimento. Estas nada mais são do que teorias marginais; No entanto, o que permanece um fato é que o criador do Bitcoin atualmente detém uma fortuna avaliada em mais de US$ 70 bilhões (equivalente a 1,1 milhão de bitcoins) e se o Bitcoin subir mais algumas centenas por cento, esse bilionário anônimo, o pai da criptomoeda, será a pessoa mais rica do mundo.

```
Bitcoin Genesis Block
     Raw Hex Version

00000000  01 00 00 00 00 00 00 00  00 00 00 00 00 00 00 00  ................
00000010  00 00 00 00 00 00 00 00  00 00 00 00 00 00 00 00  ................
00000020  00 00 00 00 3B A3 ED FD  7A 7B 12 B2 7A C7 2C 3E  ....;£íý z{.²zÇ,>
00000030  67 76 8F 61 7F C8 1B C3  88 8A 51 32 3A 9F B8 AA  gv.a.È.Ã^ŠQ2:Ÿ.ª
00000040  4B 1E 5E 4A 29 AB 5F 49  FF FF 00 1D 1D AC 2B 7C  K.^J)«_Iÿÿ...¬+|
00000050  01 01 00 00 00 01 00 00  00 00 00 00 00 00 00 00  ................
00000060  00 00 00 00 00 00 00 00  00 00 00 00 00 00 00 00  ................
00000070  00 00 00 00 00 00 FF FF  FF FF 4D 04 FF FF 00 1D  ......ÿÿÿÿM.ÿÿ..
00000080  01 04 45 54 68 65 20 54  69 6D 65 73 20 30 33 2F  ..EThe Times 03/
00000090  4A 61 6E 2F 32 30 30 39  20 43 68 61 6E 63 65 6C  Jan/2009 Chancel
000000A0  6C 6F 72 20 6F 6E 20 62  72 69 6E 6B 20 6F 66 20  lor on brink of
000000B0  73 65 63 6F 6E 64 20 62  61 69 6C 6F 75 74 20 66  second bailout f
000000C0  6F 72 20 62 61 6E 6B 73  FF FF FF FF 01 00 F2 05  or banksÿÿÿÿ..ò.
000000D0  2A 01 00 00 00 43 41 04  67 8A FD B0 FE 55 48 27  *....CA.gŠý°þUH'
000000E0  19 67 F1 A6 71 30 B7 10  5C D6 A8 28 E0 39 09 A6  .gñ¦q0·.\Ö¨(à9.¦
000000F0  79 62 E0 EA 1F 61 DE B6  49 F6 BC 3F 4C EF 38 C4  ybàê.aÞ¶Iö¼?Lï8Ä
00000100  F3 55 04 E5 1E C1 12 DE  5C 38 4D F7 BA 0B BD 57  óU.å.Á.Þ\8M÷º.½W
00000110  8A 4C 70 2B 6B F1 1D 5F  AC 00 00 00 00           ŠLp+kñ._¬....
```

O visual acima representa a gênese (que significa "primeiro") bloco do Bitcoin. O(s) fundador(es) do Bitcoin, Satoshi Nakamoto, inseriu uma mensagem no código que diz o seguinte: "The Times 03/Jan/2009 Chanceler à beira do segundo resgate para bancos".

Quem é o dono do Bitcoin?

A ideia de que o Bitcoin é "possuído" é correta apenas no sentido mais distribuído. Cerca de 20 milhões de pessoas possuem coletivamente todo o Bitcoin do mundo, mas o próprio Bitcoin, como rede, não pode ser possuído.[2]

---

[2] Tecnicamente, 20,5 milhões de pessoas em todo o mundo possuem pelo menos US$ 1 em Bitcoin.

Qual é a história do Bitcoin?

Esta é uma breve história de criptomoedas, blockchain e Bitcoin.

- Em 1991, uma cadeia de blocos criptograficamente segura foi conceituada pela primeira vez.

- Quase uma década depois, em 2000, Stegan Knost publicou sua teoria sobre cadeias protegidas por criptografia, bem como ideias para implementação prática.

- 8 anos depois, Satoshi Nakamoto lançou um white paper (um white paper é um relatório e guia completo) que estabeleceu um modelo para uma blockchain, e em 2009 Nakamoto implementou a primeira blockchain, que foi usada como livro-razão público para transações feitas usando a criptomoeda que ele desenvolveu, chamada Bitcoin.

- Finalmente, em 2014, casos de uso (casos de uso são situações específicas em que um produto ou serviço poderia potencialmente ser usado) para blockchain e redes blockchain foram desenvolvidos fora da criptomoeda, abrindo assim as possibilidades do Bitcoin para o mundo mais amplo.

Quantos Bitcoins existem?

O Bitcoin tem um fornecimento máximo de 21 milhões de moedas. Em 2021, há 18,7 milhões de Bitcoins em circulação, o que significa que restam apenas 2,3 milhões para serem colocados em circulação. Desse número, 900 novos Bitcoin são adicionados à oferta circulante a cada dia por meio de recompensas de mineração.[3] As recompensas de mineração são as recompensas dadas a computadores que resolvem equações complexas para processar e verificar transações de Bitcoin. As pessoas que executam esses computadores são chamadas de "mineiros". Qualquer pessoa pode iniciar a mineração de Bitcoin; até mesmo um PC básico pode se tornar um nó, que é um computador na rede, e começar a minerar.

---

[3] "Quantos Bitcoins existem? Quantos sobraram para o meu? (2021)."
https://www.buybitcoinworldwide.com/how-many-bitcoins-are-there/.

Como funciona o Bitcoin?

O Bitcoin, e praticamente todas as criptomoedas, operam por meio da tecnologia Blockchain.

O blockchain, em sua forma mais básica, pode ser pensado como o armazenamento de dados em cadeias literais de blocos. Vamos ver como exatamente blocos e correntes entram em jogo.

- Cada bloco armazenará informações digitais, como hora, data, valor, etc das transações.
- O bloco saberá quais partes participaram de uma transação usando sua "chave digital", que é uma sequência de números e letras que você recebe quando abre uma carteira, que contém sua criptomoeda.
- No entanto, os blocos não podem operar por conta própria. Os blocos precisam de verificação de outros computadores, também conhecidos como "nós" na rede.
- Os outros nós validarão as informações de um bloco. Uma vez que eles validam os dados, e se tudo parecer bom, o bloco e os dados que ele carrega serão armazenados no livro razão público.

- O livro razão público é um banco de dados que registra todas as transações aprovadas já feitas na rede. A maioria das criptomoedas, incluindo o Bitcoin, tem seu próprio livro-razão público.

- Cada bloco no livro-razão está ligado ao bloco que veio antes dele e ao bloco que veio depois dele. Assim, os elos que os blocos formam criam um padrão semelhante a uma cadeia. Assim, forma-se um blockchain.

Resumo: O **bloco** representa informações digitais e a **cadeia** representa como esses dados são armazenados no banco de dados.

Então, para recapitular nossa definição anterior, blockchain é um novo tipo de banco de dados. Abaixo está um detalhamento visualizado de cada bloco na rede.

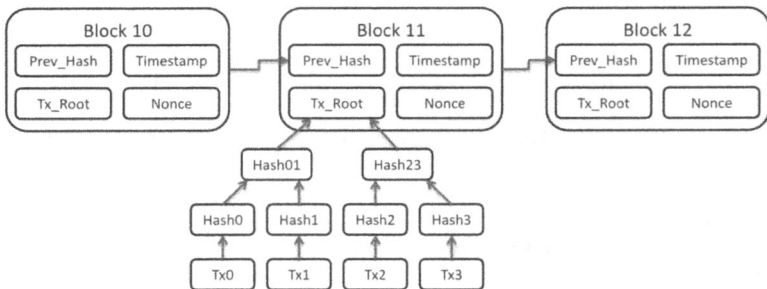

O que são endereços Bitcoin?

Um endereço, também conhecido como chave pública, é uma coleção exclusiva de números e letras que funcionam como um código de identificação, comparável a um número de conta bancária ou um endereço de e-mail (por exemplo: 1BvBESEystWetqTFn3Au6u4FGg7xJaAQN5). Com ele, é possível realizar transações no blockchain. Os endereços se conectam a uma blockchain base; por exemplo, um endereço Bitcoin está na rede Bitcoin e blockchain. Os endereços têm "logotipos" redondos e coloridos denominados identificadores de endereço (ou, simplesmente, "ícones"). Esses ícones permitem que você veja rapidamente se você inseriu ou não um endereço correto. Cada vez que você enviar ou receber criptomoedas, você usará um endereço

---

associado. Os endereços, no entanto, não podem armazenar ativos; eles servem apenas como identificadores que apontam para carteiras.

Bitcoin Address

SHARE

1DpQP4yKSGWXWrXNkm1YNYBTqEweuQcyYg

Private Key

SECRET

L4NhQX1DFJpFAJJYAHKkpukerqxtjF1XhvR5J2PQcnDparA2vD9M

---

[5] bitaddress.org

O que é um nó Bitcoin?

Um nó é um computador conectado à rede de um blockchain, que auxilia o blockchain a escrever e validar blocos. Alguns nós baixam todo um histórico de seu blockchain; Eles são chamados de masternodes e executam mais tarefas do que nós regulares. Além disso, os nós não estão de forma alguma vinculados a uma rede específica; Os nós podem mudar para diferentes blockchains praticamente à vontade, como é o caso da mineração multipool. Coletivamente, toda a natureza distribuída do Bitcoin e das criptomoedas, bem como muitos dos recursos subjacentes de blockchain e segurança, são habilitados pelo conceito e utilização de um sistema global baseado em nós.

O que é suporte e resistência para o Bitcoin?

Aqui, nos aprofundamos na análise técnica e na negociação do Bitcoin: suporte é o preço de uma moeda ou token no qual esse ativo tem menos probabilidade de cair, já que muitas pessoas estão dispostas a comprar o ativo a esse preço. Muitas vezes, se uma moeda atingir os níveis de suporte, ela se reverterá em uma tendência de alta. Este é geralmente um bom momento para comprar a moeda, embora se o preço cair abaixo do nível de suporte, é provável que a moeda caia ainda mais para outro nível de suporte. A resistência, por outro lado, é um preço que um ativo tem dificuldade de romper, já que muitas pessoas acham que um bom preço para vender. Às vezes, os níveis de resistência podem ser fisiológicos. Por exemplo, o Bitcoin pode atingir a resistência em US$ 50.000, já que muitas pessoas estavam pensando "quando o bitcoin atingir US$ 50.000, eu venderei". Muitas vezes, quando um nível de resistência é rompido, o preço pode subir rapidamente. Por exemplo, se o bitcoin ultrapassou US$ 50.000, o preço pode subir rapidamente para US$ 55.000, momento em que pode enfrentar mais resistência, e US$ 50.000 podem se tornar o novo

Support And Resistance

Support & Resistance

=SUPPORT
=RESISTANCE

nível de suporte.

6

6 Baseado em uma imagem CC BY-SA 4.0 por Akash98887
File:Support_and_resistance.png

Como você lê um gráfico de Bitcoin?

Esta é uma grande questão; para responder, a seção a seguir terá como objetivo detalhar os tipos mais populares de gráficos usados para ler Bitcoin e outras criptomoedas, bem como como ler esses gráficos.

Os gráficos formam a base pela qual os preços podem ser examinados e os padrões podem ser encontrados. Os gráficos, em um nível, são simples e, em outro, profundos e complexos. Vamos começar com o básico; diferentes tipos de gráficos e seus diferentes usos.

Gráfico de linhas

Um gráfico de linhas é um gráfico que representa o preço através de uma única linha. A maioria dos gráficos são gráficos de linhas porque são extremamente fáceis de entender, embora contenham menos informações do que as alternativas populares. Robinhood e Coinbase (ambas direcionadas a seus serviços para investidores menos experientes) têm gráficos de linha como o tipo de gráfico padrão, enquanto instituições voltadas para um público mais experiente, como Charles Schwab e Binance, usam outras formas de gráfico como padrão.

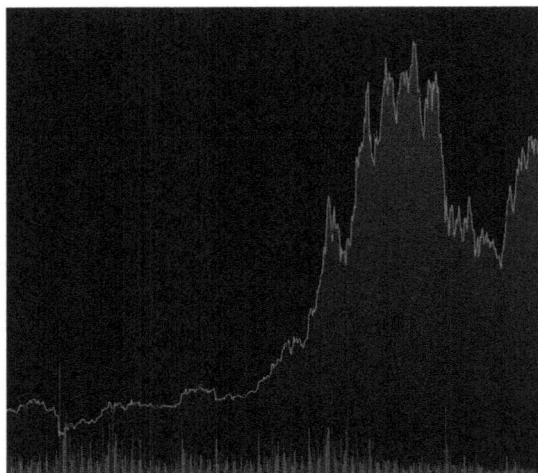

(<u>tradingview.com</u>) Gráfico de linhas

Gráfico de Velas

Os gráficos de velas são uma forma muito mais útil de exibir informações sobre uma moeda; Tais gráficos são o gráfico de escolha para a maioria dos investidores. Dentro de um determinado período, os gráficos de velas têm um amplo "corpo real" e são mais frequentemente representados como vermelhos ou verdes (outro esquema de cores comum é corpos reais vazios/brancos e preenchidos/pretos). Se for vermelho (preenchido), o fechamento foi menor que o aberto (ou seja, caiu). Se o corpo real é verde (vazio), o fechamento foi maior do que o aberto (ou seja, subiu). Acima e abaixo dos corpos reais estão as "mechas", também conhecidas como "sombras". As mechas mostram os altos e baixos preços das negociações do período. Assim, combinando o que sabemos, se o pavio superior (também conhecido como sombra superior) estiver perto do corpo real, quanto maior for a moeda ou token alcançado durante o dia, perto do preço de fechamento. Portanto, o contrário também se aplica. Você precisará ter uma compreensão sólida dos gráficos de velas, então sugiro que visite um site como o tradingview.com para se sentir confortável.

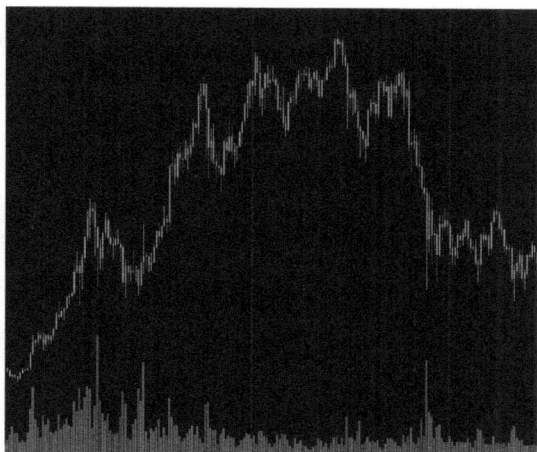

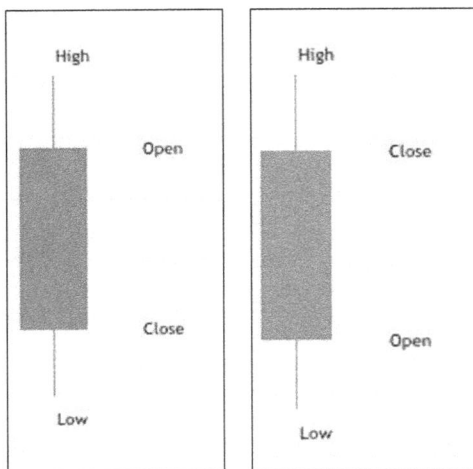

tradingview.com

Gráfico de Velas

Gráfico Renko

Os gráficos da Renko mostram apenas o movimento do preço e ignoram o tempo e o volume. Renko vem do termo japonês "renga", que significa "tijolos". Os gráficos Renko usam tijolos (também conhecidos como caixas), normalmente vermelho/verde ou branco/preto. As caixas Renko só se formam no canto superior ou inferior direito da caixa de procedente, e a próxima caixa só pode se formar se o preço passar da parte superior ou inferior da caixa anterior. Por exemplo, se o valor predefinido for "$1" (pense nisso como semelhante aos intervalos de tempo em gráficos de velas), a próxima caixa só poderá se formar quando passar US$ 1 acima ou US$ 1 abaixo do preço da caixa anterior. Esses gráficos simplificam e "suavizam" tendências em padrões fáceis de entender, removendo a ação aleatória do preço. Isso pode facilitar a realização de análises técnicas, uma vez que padrões como níveis de suporte e resistência são exibidos de forma muito mais descarada.

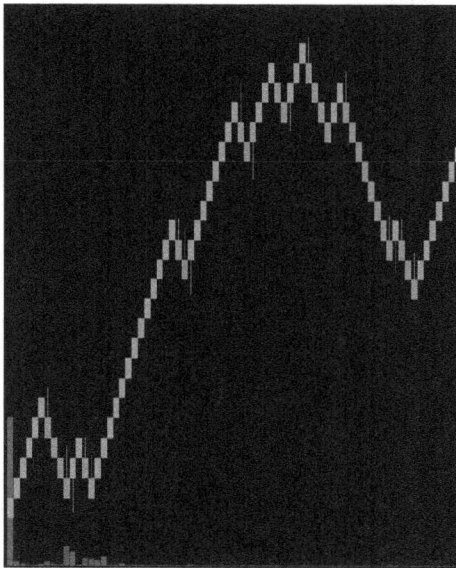

Gráfico de Figura de Ponto &

Embora os gráficos de pontos e figuras (P&F) não sejam tão conhecidos quanto os outros desta lista, eles têm uma longa história e uma reputação como um dos gráficos mais simples usados para identificar bons pontos de entrada e saída. Como os gráficos Renko, os gráficos P&F não contabilizam diretamente a passagem do tempo.

Em vez disso, Xs e Os são empilhados em colunas; cada letra representa um movimento de preço escolhido (assim como os blocos nos gráficos Renko). Xs representam um preço em alta, e Os representam um preço em queda. Veja essa sequência:

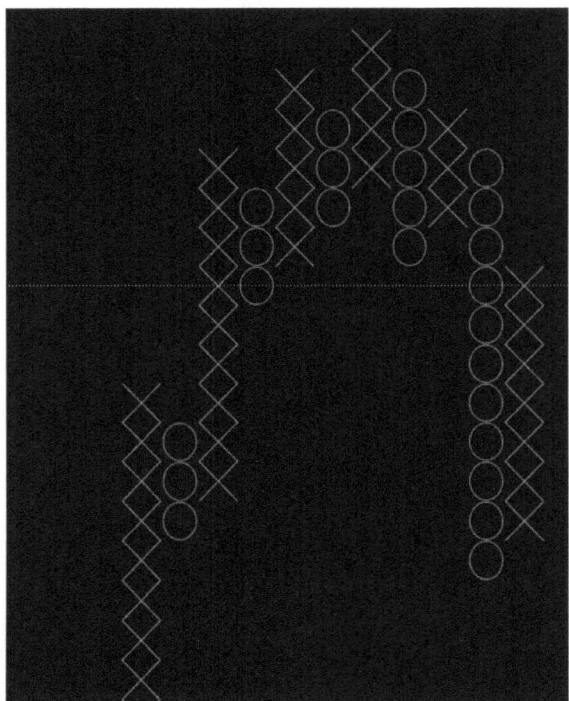

Digamos que o movimento de preço escolhido seja de US$ 10. Devemos começar no canto inferior esquerdo: os 3 Xs indicam que o preço subiu $ 30, os 2 Os significam uma queda de $ 20 e, em seguida, os 2 Xs finais representam um aumento de $ 20. O tempo é irrelevante.

Gráfico Heiken-Ashi

Os gráficos Heikin-Ashi (hik-in-aw-she) são uma versão mais simples e suavizada dos gráficos de velas. Eles funcionam quase da mesma maneira que os gráficos de velas, (velas, mechas, sombras, etc.), exceto gráficos HA suavizar os dados de preços ao longo de dois períodos em vez de um. Isso, essencialmente, torna Heikin-Ashi preferível a muitos traders em comparação com gráficos de velas porque padrões e tendências podem ser mais facilmente detectados, e sinais falsos (pequenos movimentos sem sentido) são, em grande parte, omitidos. Dito isso, a aparência mais simples obscurece alguns dados relativos aos castiçais, e é em parte por isso que Heikin-Ashis ainda não substituiu os castiçais. Então, sugiro que você experimente os dois tipos de gráfico e descubra o que melhor se encaixa no seu estilo e capacidade de discernir tendências.

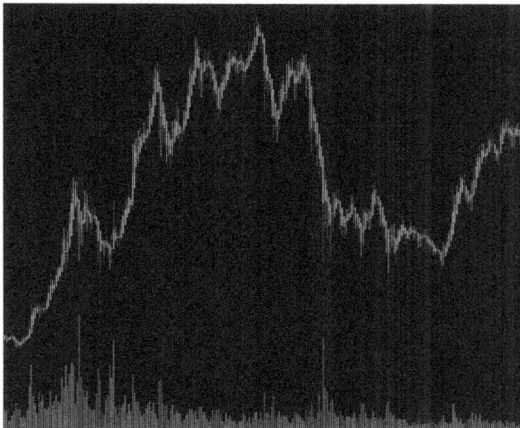

tradingview.com

R: Observe que as tendências no gráfico Heikin-Ashi são mais suaves e perceptíveis do que no gráfico de velas.

Criando gráficos de recursos

.. TradingView

tradingview.com (melhor geral, melhor social)

.. CoinMarketCap

coinmarketcap.com (simples, fácil)

.. Relógio de criptografia

cryptowat.ch (muito estabelecido, melhor para bots)

CryptoView

cryptoview.com (muito personalizável)

Classificações de padrões de gráfico

Os padrões gráficos são classificados para entender rapidamente o papel e a finalidade. Aqui estão algumas dessas classificações:

Alta

Todos os padrões de alta provavelmente resultarão no resultado favorável ao lado positivo, então, por exemplo, um padrão de alta pode resultar em uma tendência de alta de 10%.

Baixa

Todos os padrões de baixa provavelmente resultarão em um resultado favorável ao lado negativo, portanto, por exemplo, um padrão de baixa pode resultar em uma tendência de baixa de 10%.

Castiçal

Os padrões de velas aplicam-se especificamente aos gráficos de velas, não a todos os gráficos. Isso ocorre porque os padrões de velas dependem de informações que só podem ser encontradas em um formato de vela (corpo e pavio).

Número de Bares/Velas

O número de barras ou velas em um padrão geralmente não passa de três.

Continuação

Os padrões de continuação sinalizam que a tendência pré-padrão é mais provável do que não continuar. Assim, por exemplo, se o padrão de continuação X se formar no topo de uma tendência de alta, é provável que a tendência de alta continue.

Fuga

Um rompimento é um movimento acima da resistência ou abaixo do suporte. Padrões de ruptura indicam que tal movimento é provável. A direção dessa fuga é específica para o padrão.

Reversão

Uma reversão é uma mudança na direção do preço. Um padrão de reversão indica que a direção do preço provavelmente mudará (assim, uma tendência de alta se tornaria uma tendência de baixa, e uma tendência de baixa se tornaria uma tendência de alta).

Que tipo de carteiras de Bitcoin existem?

Existem várias categorias distintas de carteiras que diferem em segurança, usabilidade e acessibilidade:

1. *Carteira de Papel.* Uma carteira de papel define o armazenamento de informações privadas (chaves públicas, chaves privadas e frases de semente) em, como o nome indica, papel. Isso funciona porque qualquer par de chaves públicas e privadas pode formar uma carteira; nenhuma interface on-line é necessária. O armazenamento físico de informações digitais é considerado mais seguro do que qualquer forma de armazenamento on-line, simplesmente porque a segurança on-line enfrenta uma série de ameaças potenciais à segurança, enquanto os ativos físicos enfrentam poucas ameaças de intrusão se gerenciados corretamente. Para criar uma carteira de papel Bitcoin, qualquer pessoa pode visitar bitaddress.org para gerar um endereço público e uma chave privada e, em seguida, imprimir as informações. Os códigos QR e as cadeias de caracteres das chaves podem ser usados para facilitar as transações. No entanto, dados os desafios enfrentados pelos

detentores de carteiras de papel (danos causados por água, perda acidental, obscuridade) em relação às opções online ultra-seguras, as carteiras de papel não são mais recomendadas para uso no gerenciamento de participações significativas em criptomoedas.

2. *Hot Wallet/Carteira Fria.* Uma hot wallet refere-se a uma carteira que está conectada à internet, o oposto, cold storage, refere-se a uma carteira que não está conectada à internet. As hot wallets permitem que o proprietário da conta envie e receba tokens; No entanto, o armazenamento a frio é mais seguro do que o armazenamento a quente e oferece muitos dos benefícios das carteiras de papel sem tanto risco. A maioria das exchanges permite que os usuários movam ativos de hot wallets (que é o padrão) para cold wallets com o pressionar de alguns botões (a Coinbase se refere ao armazenamento frio/offline como um "cofre"). Para retirar as explorações do armazenamento a frio são necessários alguns dias, o que remete para a dinâmica de acessibilidade versus segurança do armazenamento a quente e do armazenamento a frio. Se você está interessado em manter um criptoativo a longo prazo, o armazenamento a frio dentro de sua bolsa é o caminho a seguir. Se você planeja negociar ativamente ou se

envolver na negociação de participações, o armazenamento a frio não é uma opção viável.

3. *Carteira de hardware.* As carteiras de hardware são dispositivos físicos seguros que armazenam sua chave privada. Essa opção permite que algum grau de acessibilidade online (já que as carteiras de hardware facilitam muito o acesso aos aparelhos) seja combinado com um meio de armazenamento que não está conectado à internet e, portanto, é mais seguro. Algumas carteiras de hardware populares, como a Ledger (ledger.com) até oferecem aplicativos que funcionam em uníssono com carteiras de hardware sem comprometer a segurança. No geral, as carteiras de hardware são uma ótima opção para detentores sérios e de longo prazo, embora a segurança física deva ser considerada; Essas carteiras, bem como carteiras de papel, são melhor armazenadas em bancos ou soluções de armazenamento de ponta.

A mineração de Bitcoin é lucrativa?

Certamente pode ser. O retorno médio anual sobre o investimento para aluguéis de mineradores de Bitcoin varia de um dígito alto a dois dígitos baixos, enquanto o ROI para mineração de Bitcoin autogerenciada varia ao longo dos dois dígitos (para colocar um número, 20% a 150% ao ano podem ser esperados, enquanto 40% a 80% é normal). De qualquer forma, esse retorno supera o histórico de ações e retornos imobiliários de 10%. No entanto, a mineração de Bitcoin é volátil e cara, e uma série de fatores influenciam os retornos de cada indivíduo. Na próxima pergunta, examinaremos os fatores de lucratividade da mineração de Bitcoin, que fornecem uma visão muito melhor sobre os retornos estimados, bem como por que alguns meses e mineradores têm um desempenho excepcionalmente bom, e outros não.

O que influencia a lucratividade da mineração de Bitcoin?

As seguintes variáveis são essenciais para determinar a rentabilidade potencial da mineração de Bitcoin:

Preço da criptomoeda. O principal fator de influência é o preço do ativo de criptomoeda dado. Um aumento de 2x no preço do Bitcoin resulta em 2x o lucro da mineração (porque a quantidade de Bitcoin que está sendo ganha permanece a mesma, enquanto o valor equivalente muda), enquanto uma queda de 50% resulta em metade dos lucros. Dada a natureza volátil das criptomoedas e, especialmente, a do Bitcoin, o preço precisa ser considerado. Geralmente, no entanto, se você acredita em Bitcoin e criptomoedas no longo prazo, as mudanças de preço não devem afetá-lo, já que seu foco seria a construção de patrimônio de longo prazo, que só pode mudar de acordo com outros fatores desta lista.

Taxa de Hash e Dificuldade. HashRate é a velocidade na qual as equações são resolvidas e os blocos são encontrados. A taxa de hash para mineradores equivale aproximadamente a ganhos, e mais mineradores entrando no sistema (aumentando assim a taxa de hash da rede e a "dificuldade" de mineração relacionada, que é uma métrica que descreve o quão difícil é minerar blocos) dilui a participação de hash por minerador e, portanto, a lucratividade. Dessa forma, a concorrência reduz o lucro por meio da dificuldade e da taxa de hash.

Preço da Energia Elétrica. À medida que o processo de mineração se torna mais difícil, as necessidades de eletricidade também aumentam. O preço da eletricidade pode tornar-se um ator importante na rentabilidade.

Metade. A cada 4 anos, as recompensas em bloco programadas em Bitcoin caem pela metade para reduzir incrementalmente o influxo e o fornecimento total de moedas. Atualmente (desde 13 de maio de 2020 e com duração até 2024), as recompensas do minerador são de 6,25 bitcoins por bloco. No entanto, em 2024, as recompensas de bloco cairão para 3,125 bitcoins por bloco, e assim por diante. Dessa forma, as recompensas de mineração de longo prazo devem cair, a menos que o valor de cada moeda aumente de valor tanto ou mais quanto a diminuição das recompensas em bloco.

Custo de hardware. Claro, o preço real do hardware necessário para minerar Bitcoin desempenha um grande papel no lucro e no ROI. A mineração pode ser configurada facilmente em PCs normais (se você tiver um, confira nicehash.com); Dito isso, a configuração de plataformas completas envolve o custo de placas-mãe, CPUs, placas gráficas, GPUs, RAM, ASICs e muito mais. A saída mais fácil é simplesmente comprar sondas pré-fabricadas, mas isso envolve pagar um prêmio. Fazer o seu próprio economiza dinheiro, mas também requer conhecimento técnico; Geralmente, as opções "faça você mesmo" custam pelo menos US$ 3.000, mas geralmente mais próximas de US$ 10.000. Todos esses fatores de hardware devem ser considerados para fazer uma estimativa decente do retorno potencial no ambiente em rápida mudança da mineração de Bitcoin e criptomoedas.

Para concluir esta questão, as variáveis que influenciam a rentabilidade da mineração são numerosas e sujeitas a mudanças rápidas, e os ganhos potenciais são enviesados para grandes fazendas com acesso a eletricidade barata. Dito isso, a mineração de criptomoedas certamente ainda é muito lucrativa, e os retornos (excluindo o potencial de um colapso em todo o mercado) foram e provavelmente permanecerão, por um bom tempo, muito à frente dos retornos esperados do mercado de ações ou dos retornos normais na maioria das outras classes de ativos.

Existem Bitcoins reais e físicos?

Não há, e provavelmente nunca haverá, Bitcoin físico; É chamada de "moeda digital" por uma razão. Dito isso, a acessibilidade do Bitcoin aumentará ao longo do tempo por meio de melhores exchanges, caixas eletrônicos Bitcoin, cartões de débito e crédito Bitcoin e outros serviços. Espero que um dia o Bitcoin e outras criptomoedas sejam tão fáceis de usar quanto as moedas físicas.

Bitcoin é sem atrito?

Um mercado sem atrito é um ambiente de negociação ideal no qual não há custos ou restrições nas transações. O mercado de Bitcoin (composto por pares), embora esteja no caminho para o frictionless (especialmente no que diz respeito à transferência global de dinheiro), não está perto de realmente estar lá.

HTTPS://LibertyTreeCS.New   YorkPet.org/2016/03/Is-Bitcoin-Really-Frictionless/

Bitcoin usa frases mnemônicas?

Uma frase mnemônica é um termo equivalente a uma frase semente; Ambos representam sequências de 12 a 24 palavras que identificam e representam carteiras. Pense nisso como uma senha de backup; Com ele, você nunca pode perder o acesso à sua conta. Por outro lado, se você esquecê-lo, não há como redefini-lo ou recuperá-lo e qualquer outra pessoa que o tenha tenha acesso à sua carteira. Todas as carteiras dentro das quais você pode manter Bitcoin usam frases mnemônicas; você deve sempre manter essas frases em um local seguro e privado; no papel é melhor, o melhor de tudo no papel em um cofre ou cofre.

Your Seed Phrase

Your Seed Phrase is used to generate and recover your account.

1. issue	2. flame	3. sample
4. lyrics	5. find	6. vault
7. announce	8. banner	9. cute
10. damage	11. civil	12. goat

Please save these 12 words on a piece of paper. The order is important. This seed will allow you to recover your account.

[7]

Você pode recuperar seu Bitcoin se enviá-lo para o endereço errado?

Um endereço de reembolso é um endereço de carteira que pode servir como backup caso a transação falhe. Se tal evento ocorrer, um estorno será fornecido para o endereço de reembolso especificado. Se você precisar fornecer um endereço de reembolso, certifique-se de que o endereço esteja correto e possa receber o token que você está enviando.

Bitcoin é seguro?

O Bitcoin, regido por uma rede blockchain de sistema subjacente, é um dos sistemas mais seguros do mundo pelas seguintes razões:

1. *O Bitcoin é público.* O Bitcoin, como muitas criptomoedas, tem um livro-razão público que registra todas as transações. Como nenhuma informação privada deve ser fornecida para possuir e negociar Bitcoin e todas as informações de transação são públicas no blockchain, os invasores não têm nada para hackear ou roubar; a única alternativa para invadir e lucrar com a rede Bitcoin (excluindo pontos humanos de falha, como em ataques de câmbio e senhas perdidas; estamos nos concentrando no próprio Bitcoin) é um ataque de 51%, o que, na escala do Bitcoin, é praticamente impossível. Ser "público" também está ligado ao Bitcoin ser sem permissão; ninguém a controla e, portanto, nenhum ponto de vista subjetivo ou singular pode afetar toda a rede (sem o consentimento de todos os outros na rede).

2. *O Bitcoin é descentralizado.* Atualmente, o Bitcoin opera por meio de 10.000 nós, todos os quais coletivamente servem para validar transações.[8] Como toda a rede valida transações,

---

[8] "Bitnodes: Distribuição Global de Nós Bitcoin." https://bitnodes.io/. Acesso em 30 ago 2021.

não há como alterar ou controlar transações (a menos que, novamente, 51% da rede seja controlada). Tal ataque, como mencionado, é praticamente impossível; ao preço atual do Bitcoin, um invasor precisaria gastar dezenas de milhões de dólares por dia e controlar um volume de recursos computacionais que simplesmente não está disponível.[9] Portanto, a natureza descentralizada da validação de dados torna o Bitcoin extremamente seguro.

3. *O Bitcoin é irreversível.* Uma vez confirmadas as transações na rede, não é possível alterá-las, uma vez que cada bloco (um bloco é um lote de novas transações) é conectado a blocos de ambos os lados, formando assim uma cadeia interconectada. Uma vez escritos, os blocos não podem ser modificados. Esses dois fatores, em conjunto, evitam a alteração dos dados e garantem maior segurança.

4. *O Bitcoin usa o processo de hashing.* Um hash é uma função que converte um valor em outro, um hash no mundo cripto converte uma entrada de letras e números (uma string) em uma saída criptografada de tamanho fixo. Os hashes ajudam na criptografia porque "resolver" cada hash requer trabalhar

---

[9] "Você precisaria de US$ 21 milhões para atacar o Bitcoin por um dia - Descriptografar." 31 de janeiro de 2020, https://decrypt.co/18012/you-would-need-21-million-to-attack-bitcoin-for-a-day. Acesso em 30 ago 2021.

para trás para resolver um problema matemático extremamente complexo; portanto, a capacidade de resolver essas equações é puramente baseada no poder computacional. O hashing tem os seguintes benefícios: os dados são compactados, os valores de hash podem ser comparados (em vez de comparar os dados em sua forma original) e as funções de hash são um dos meios de transmissão de dados mais seguros e à prova de violação (especialmente em escala).

O Bitcoin vai acabar?

Depende do que você quer dizer com "esgotar". A quantidade de bitcoin adicionada à rede a cada ano vai, invariavelmente, se esgotar. No entanto, nesse ponto, diferentes mecanismos de fornecimento (em oposição ao Bitcoin ser a recompensa de mineração) assumirão o controle e os negócios continuarão normalmente. Nesse sentido, o Bitcoin nunca deve acabar.

Para que serve o Bitcoin?

O principal valor do Bitcoin vem das seguintes aplicações: como uma reserva de valor e um meio de transações privadas, globais e seguras. Esse, em essência, é o ponto do Bitcoin; um propósito que havia sido executado com bastante sucesso, dados seus retornos históricos e as cerca de 300.000 transações diárias.

Como você explicaria o Bitcoin para uma criança de 5 anos?

Bitcoin é dinheiro de computador que as pessoas podem usar para comprar e vender coisas ou para ganhar mais dinheiro. Bitcoin funciona por causa do blockchain. Blockchain é uma ferramenta que permite que muitas pessoas diferentes passem com segurança informações valiosas ou dinheiro sem precisar que outra pessoa faça isso por elas.

Bitcoin é uma empresa?

Bitcoin não é uma empresa. É uma rede de computadores executando algoritmos. No entanto, dada a progressão do software e hardware ao longo do tempo e para evitar a antecipação do Bitcoin, um sistema de votação foi implementado na rede na criação para permitir atualizações no código e algoritmos. O sistema de votação é completamente de código aberto e baseado em consenso, o que significa que as atualizações do sistema propostas por desenvolvedores e voluntários devem passar por um rigoroso escrutínio de outras partes interessadas (já que um erro em uma atualização perderia milhões de dinheiro dos interessados), e a atualização só passará se o consenso em massa for alcançado. A Bitcoin Foundation (bitcoinfoundation.org) emprega vários desenvolvedores em tempo integral que trabalham para estabelecer um roteiro para o Bitcoin e desenvolver atualizações. Novamente, no entanto, qualquer pessoa com algo a contribuir pode fazê-lo, e nenhuma empresa ou organização real se aplica. Além disso, os usuários não são forçados a atualizar se uma alteração de regra for aplicada; eles podem ficar com qualquer versão que quiserem. As ideias por trás desse sistema são maravilhosas; a ideia de uma rede independente, de código aberto e baseada em consenso tem aplicações em muito mais campos do que apenas o Bitcoin.

Bitcoin é uma farsa?

Bitcoin, por definição, não é um golpe. É um instrumento financeiro criado por uma equipe de engenheiros estabelecidos. Vale trilhões, não é hackeável, e o fundador não vendeu nenhuma participação.[10] Dito isso, o Bitcoin é certamente manipulável e altamente volátil. Muitas outras criptomoedas no mercado, ao contrário do Bitcoin, são um golpe. Então, pesquise, invista em moedas estabelecidas com equipes respeitáveis e use o bom senso.

---

[10] Embora Satoshi Nakamoto valha dezenas de bilhões devido ao Bitcoin, ele não vendeu nenhum (em sua carteira conhecida). Juntamente com seu anonimato, o fundador do Bitcoin provavelmente não obteve nenhum grande lucro através da moeda, pelo menos em relação às dezenas ou centenas de bilhões que possui.

Bitcoin pode ser hackeado?

O Bitcoin em si é impossível de hackear, já que toda a rede está constantemente sendo revisada por muitos nós (computadores) dentro da rede e, portanto, qualquer invasor só pode realmente hackear o sistema se controlar 51% ou mais do poder computacional na rede (já que o controle majoritário pode ser usado para validar qualquer coisa, esteja correta ou não). Dado o poder de mineração por trás do Bitcoin, isso é essencialmente impossível. No entanto, o ponto fraco na segurança de criptomoedas são as carteiras dos usuários; Carteiras e exchanges são muito mais fáceis de hackear. Assim, embora o Bitcoin seja impossível de hackear, seu Bitcoin pode ser hackeado por culpa de uma exchange, bem como por uma senha fraca ou compartilhada acidentalmente. Geralmente, se você ficar com exchanges estabelecidas e manter uma senha privada e segura, suas chances de ser hackeado são praticamente nulas.

Quem acompanha as transações de Bitcoin?

Cada nó (computador) na rede Bitcoin mantém uma cópia completa de todas as transações Bitcoin. As informações são usadas para validar transações e garantir a segurança. Além disso, todas as transações de Bitcoin são públicas e visíveis através do livro-razão Bitcoin; Você pode ver isso por si mesmo no seguinte link:

https://www.blockchain.com/btc/unconfirmed-transactions

Qualquer pessoa pode comprar e vender Bitcoin?

Como o Bitcoin é descentralizado, qualquer pessoa pode comprar e vender, independentemente de fatores externos ou identidade. Dito isso, muitos países exigem que as criptomoedas sejam negociadas apenas por meio de exchanges centralizadas (para fins fiscais e de segurança), portanto, exigindo mandatos básicos de KYC, como identidade, SSN, etc. Tais leis impedem que algumas pessoas invistam em criptomoedas e as exchanges centralizadas se reservam o direito de encerrar contas por qualquer motivo.

O Bitcoin é anônimo?

Como mencionado na pergunta diretamente acima, o sistema inato que governa o Bitcoin permite o anonimato pessoal completo; Tudo o que deve ser compartilhado para uma transação bem-sucedida é um endereço de carteira. No entanto, mandatos governamentais tornaram ilegal em muitos países (o principal exemplo são os EUA) negociar em bolsas descentralizadas. Assim, as exchanges centralizadas proíbem o anonimato legal ao negociar criptomoedas.

As regras do Bitcoin podem mudar?

Como o Bitcoin é descentralizado, o sistema não pode mudar sozinho. No entanto, as regras da rede podem ser alteradas através do consenso dos detentores de Bitcoin. Hoje, os projetos de código aberto atualizam o Bitcoin se forem necessárias atualizações, e o fazem apenas se as mudanças forem aceitas pela comunidade Bitcoin.

Bitcoin deve ser capitalizado?

O Bitcoin como rede deve ser capitalizado. Bitcoin como uma unidade não deve ser capitalizado. Por exemplo, "depois que ouvi sobre a ideia do Bitcoin, comprei 10 bitcoins".

O que são protocolos Bitcoin?

Um protocolo é um sistema ou procedimento que controla como algo deve ser feito. Dentro da criptomoeda e do Bitcoin, os protocolos são a camada governante do código. Por exemplo, um protocolo de segurança determina como a segurança deve ser realizada, um protocolo blockchain governa como o blockchain age e opera, e um protocolo Bitcoin controla como o Bitcoin funciona.

Lightning Network Protocol Sui

Reliable Payment Layer	Invoices: Payment Hash & Preimage BOLT 11	Payment Attempts Trial & Error Loop	Pathfinding (MPP, Rebalancing,...)	Path select
		BOLT 04		
Unreliable Routing Layer	Multihop locks (HTLC / PTLC)	Source based Onion Routing (SPHINX)	Adding, Settling, Failing HTLCs	Routing fe Channel meta
			BOLT 02	BOLT 07
Peer 2 Peer Layer	Control Messages Type: 0 - 31	Channel Open & Close Type: 32 - 127	Channel State Machine Type: 128 - 255	Gossip relay Query / Re Type: 256 -
	BOLT 09			
Messaging Layer	Feature Bits	Framing & Lightning Message Format BOLT 01		Type Length Value
Network Connection Layer	Transport	Noise_XK Secp256k1 Handshakes DH Key Exchange	Network I/O	IPv4 IPv6 TOR2 TOR3	DNS Bootstrap BOLT 10 11

*Este é um exemplo de protocolo, visto através das lentes da Lightning Network, que é um protocolo de pagamento Layer-2 projetado para funcionar em cima de moedas como Bitcoin e Litecoin para permitir transações mais rápidas e, assim, resolver problemas de escalabilidade.

---

[11] Renepick / CC BY-SA 4.0
File:Lightning_Network_Protocol_Suite.png

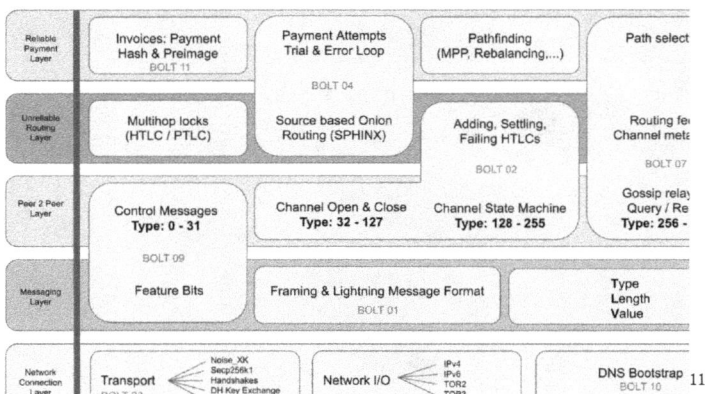

O que é o Ledger do Bitcoin?

O livro-razão do Bitcoin, e todos os livros contábeis do blockchain, armazenam dados sobre todas as transações financeiras feitas no blockchain dado. As criptomoedas usam livros públicos, o que significa que o livro-razão usado para registrar todas as transações está disponível publicamente. Você pode ver o livro público do Bitcoin em blockchain.com/explorer.

Hash	Time	Amount (BTC)	Amount (USD)
e3bc0fb2e5f236094f3825ab722ca4dda008c3538db1468012e1395884f8a3ec	12:22	3.40547680 BTC	$170,416.94
80c2a1ab9cc9fcb4f082e707640216f3898beb189428840adf169fb2fb150715	12:22	0.52284473 BTC	$26,164.21
f3773b98dd9b10777e0761dd7d8be8e7953b190546b245fcafef5484124a0e9d	12:22	0.03063826 BTC	$1,533.20
e5e5e9678e6494bb68caa67aef3aee769ef972172db5424797dcd18eb7345a8a	12:22	0.00151322 BTC	$75.72
5f3bcd4212f05ed0d9ed7be40a97ef04e6fe3456c7d9926e8b1a5219b7a1f31a	12:22	0.84369401 BTC	$42,220.15
37e7a56509c2b095549c3f665e2dcd3c0a20f47d5987d64ef5cf4b8ce9992611	12:22	0.00153592 BTC	$76.86
ee7a833c2da6c25125a653903828db74303d2efafdf73cb0cc2787d8840e1754	12:22	0.00210841 BTC	$105.51
d2296896d076a2723259cc55e7131c3d4622ce6a14c37eb51cadd9992f3873c1	12:22	0.00251375 BTC	$125.79
6f7a79b196ec4bdb0cc9316e75c13ca1f944c7946faf24004952aa2a0aad072f	12:22	1.60242873 BTC	$80,188.77
7f6fa2f64999a07e01a344aed9dde34282683afeddfcb61f996109b83bdb1ff	12:22	0.00022207 BTC	$11.11
8c9dfdf9b64fa1d465d5d2cfcb3185ad91b067d38b4b60b3233d0c78cf859d60	12:22	0.00006000 BTC	$3.00
4dce5a6630641314fff08a30dca8209585583c450accdf01f1f72401b9ffbe24	12:22	0.00761070 BTC	$380.85
7e31b8588d549a894819ed19b11d03025141ca429bfbaf699ca73fb62ea0825d	12:22	0.00070668 BTC	$35.36
9fd5d4e37f768c41407bc8d2dc8cd48efa6cf00f901d81a81e73a1a874c2beef	12:22	0.00061789 BTC	$30.92
b4dda5555fde5282c1e51fa69e56998e55904b77da869136a82b256aac2960fb	12:22	0.07876440 BTC	$3,941.53
a8f05dce5ca3984bd5fbfb65a52e8a33834597739f1828c368fbc8aba129391a	12:22	1.41705545 BTC	$70,912.32
b8058be59e4be8d3b22294d86c2f0df577a7e58a82961afbb62ba3add06b053	12:22	0.30358853 BTC	$15,192.18
e0fb0dcd87c22b2e11ef7eb3852a7a6a51bca0907d0d63199f6d9e275e410dd6	12:22	0.00712366 BTC	$356.48
f60389c978d4bf68bb32047fbd5efecb046d1f0e09c3c7b2035e5b2b6a852445	12:22	0.00029789 BTC	$14.91
a820e18a7a4538e4cd410f1f9fb213408174f699ffe2d245640b388e7befbfef	12:22	0.79890506 BTC	$39,878.74
cbdc6ef0689d4a243add5c0b8c40d014d4a33a5e01e8eacd3fbcaffc9aba26c2	12:22	0.54677419 BTC	$27,361.68

*Uma visualização ao vivo do livro-razão público Bitcoin de blockchain.com

Que tipo de rede é Bitcoin?

Bitcoin é uma rede P2P (peer-to-peer). Uma rede ponto a ponto envolve muitos computadores trabalhando uns com os outros para concluir tarefas. As redes peer-to-peer não exigem uma autoridade central e são parte integrante das redes blockchain e das criptomoedas.

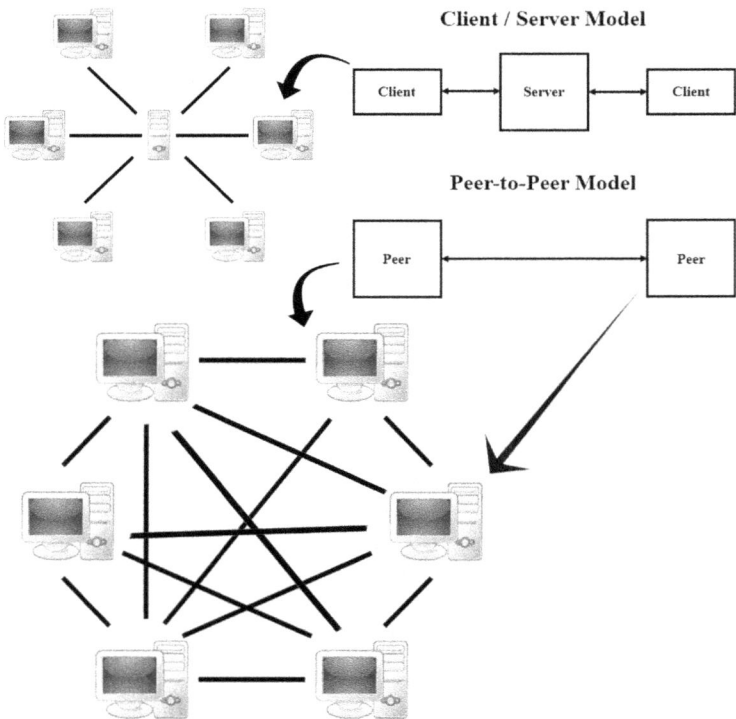

Client / Server Model

| Client | Server | Client |

Peer-to-Peer Model

| Peer | Peer |

---

[12] Criado pelo autor; com base em imagens das seguintes fontes:

O Bitcoin ainda pode ser a principal criptomoeda quando atinge a oferta máxima?

A oferta de Bitcoin realmente se esgotará, mas o fará no ano de 2140. Nesse ponto, todos os 21 milhões de BTC estarão na rede, e outro sistema de incentivo ou fornecimento deve ser implementado para a sobrevivência contínua da rede. No entanto, adivinhar se Bitoin será a principal criptomoeda no ano de 2140 é como perguntar no ano de 1900 como seria 2020; A diferença na tecnologia é quase impossivelmente grande e o ambiente tecnológico no século 22 é uma incógnita. Vamos ter que ver.

Quanto dinheiro os mineradores de Bitcoin ganham?

Os mineradores de Bitcoin, coletivamente, ganham cerca de US$ 45 milhões por dia e US$ 1,9 milhão por hora (6,25 Bitcoin por bloco, 144 blocos por dia). O lucro por minerador depende do poder de hashing, custo de eletricidade, taxa de pool (se em um pool), consumo de energia e custo de hardware; As calculadoras de mineração on-line podem estimar os lucros com base em todos esses fatores. A mais popular dessas calculadoras, fornecida pela Nicehash, pode ser encontrada em https://www.nicehash.com/profitability-calculator.

Qual é a altura do bloco do Bitcoin?

A altura do bloco é o número de blocos em um blockchain. A altura 0 é o primeiro bloco (também chamado de "bloco de gênese"), a altura 1 é o segundo bloco, e assim por diante; a altura atual do bloco do Bitcoin é de mais de meio milhão. O "tempo de geração de blocos" do Bitcoin é atualmente de cerca de 10 minutos, o que significa que um novo bloco é adicionado ao blockchain do Bitcoin aproximadamente a cada 10 minutos.

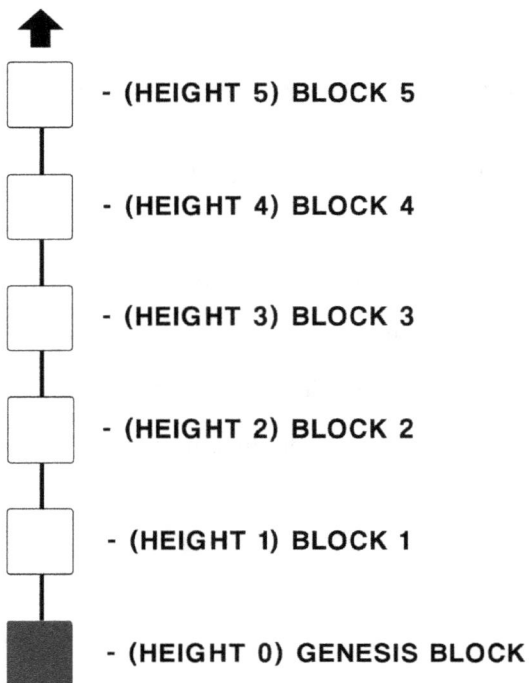

- (HEIGHT 5) BLOCK 5

- (HEIGHT 4) BLOCK 4

- (HEIGHT 3) BLOCK 3

- (HEIGHT 2) BLOCK 2

- (HEIGHT 1) BLOCK 1

- (HEIGHT 0) GENESIS BLOCK

[13]

[13] Criação do Autor. Utilizável sob a Licença CC BY-SA 4.0.

O Bitcoin usa Atomic Swaps?

Um swap atômico é uma tecnologia de contrato inteligente que permite aos usuários trocar duas moedas diferentes uma pela outra sem um intermediário de terceiros, geralmente uma troca, e sem precisar comprar ou vender. Exchanges centralizadas, como a Coinbase, não podem realizar swaps atômicos. Em vez disso, as exchanges descentralizadas permitem swaps atômicos e dão controle total aos usuários finais.

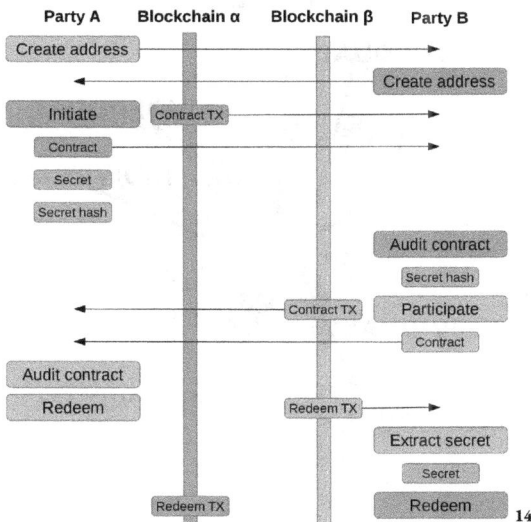

*Visualização de um fluxo de trabalho de troca atômica.

[14] Nickboariu / CC BY-SA 4.0 / File:Atomic_Swap_Workflow.svg

O que são pools de mineração de Bitcoin?

Pools de mineração, também conhecidos como mineração em grupo, referem-se a grupos de pessoas ou entidades que combinam seu poder computacional para minerar juntos e dividir as recompensas. Isso também garante ganhos consistentes, em vez de esporádicos.

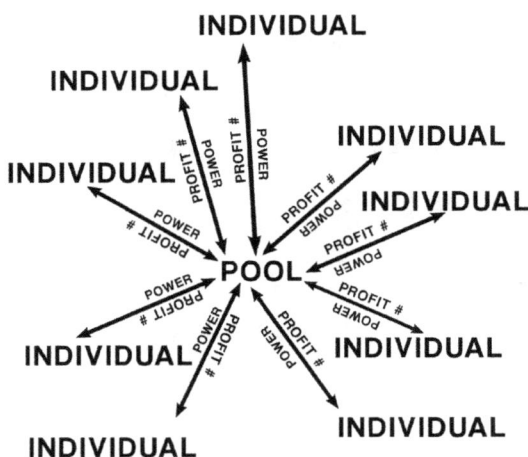

Quem são os maiores mineradores de Bitcoin?

A Figura 2.3 é um detalhamento da distribuição do minerador de Bitcoin. Os grandes blocos são todos pools de mineração, não mineradores individuais, uma vez que os pools permitem escala massiva (em termos de poder computacional) aproveitando uma rede de indivíduos. Isso, em essência, aplica o próprio conceito de distribuição semelhante ao Bitcoin à mineração. Os maiores pools de Bitcoin incluem Antpool (um pool de mineração de acesso aberto), ViaBTC (conhecido por ser seguro e estável), Slush Pool (o pool de mineração mais antigo) e BTC.com (o maior dos quatro).

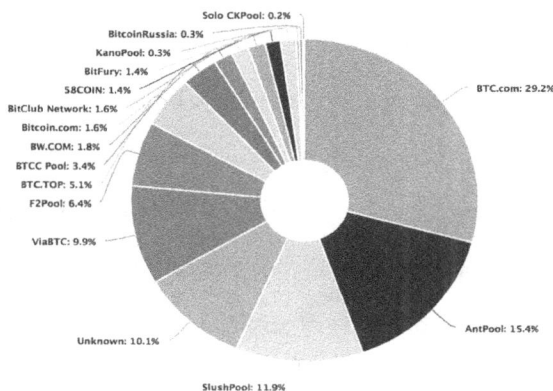

16

16 "Distribuição de Mineração de Bitcoin 3 | Faça o download do Diagrama Científico."

A tecnologia Bitcoin está desatualizada?

Sim, a tecnologia que alimenta o Bitcoin está desatualizada em relação aos concorrentes mais recentes. O Bitcoin fez o trabalho de pioneiro e atuou como uma prova de conceito para as criptomoedas, mas como em toda tecnologia, a inovação avança e acompanhar essa inovação requer atualizações coesas, o que o Bitcoin não teve. A rede Bitcoin pode lidar com cerca de 7 transações por segundo, enquanto Ethereum (a segunda maior criptomoeda por valor de mercado) pode lidar com 30 transações por segundo e Cardano, a terceira maior e muito mais recente criptomoeda, pode lidar com cerca de 1 milhão de transações por segundo. O congestionamento da rede na rede Bitcoin leva a taxas muito mais altas. Dessa forma, assim como na programação, privacidade e uso de energia, o Bitcoin está um pouco desatualizado. Isso não significa que não funcione; isso significa, apenas significa que atualizações sérias devem ser implementadas ou a experiência do usuário se tornará pior e os concorrentes prosperarão. No entanto, independentemente disso, o Bitcoin tem um enorme valor de marca, uma escala massiva de uso e adoção, e protocolos que

---

https://www.researchgate.net/figure/Bitcoin-Mining-Distribution-3_fig3_328150068. Acesso em 2 set 2021.

fazem o trabalho de maneira segura; Isso significa apenas que não é um jogo de soma zero nem provavelmente terminará no melhor ou pior cenário. Provavelmente veremos um cenário de meio termo se desenrolar, no qual o Bitcoin continua a enfrentar problemas, continua a implementar soluções e continua a crescer (embora o crescimento tenha que desacelerar em algum momento) à medida que o espaço cripto cresce.

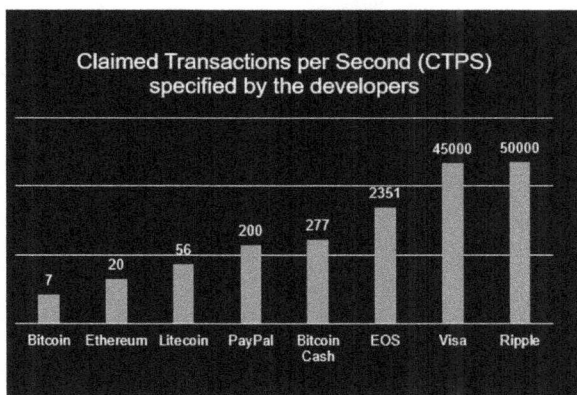

Claimed Transactions per Second (CTPS) specified by the developers

[17] https://investerest.vontobel.com/

[17] "Bitcoin Explicado - Capítulo 7: Escalabilidade Bitcoins - Investerest." https://investerest.vontobel.com/en-dk/articles/13323/bitcoin-explained---chapter-7-bitcoins-scalability/. Acesso em 4 set 2021.

O que é um nó Bitcoin?

Um nó é um computador (um nó pode ser qualquer computador, não qualquer tipo específico) que está conectado à rede de um blockchain e auxilia o blockchain a escrever e validar blocos. Alguns nós baixam todo um histórico de seu blockchain; Eles são chamados de masternodes e executam mais tarefas do que nós regulares. Além disso, os nós não estão de forma alguma vinculados a uma rede específica; Os nós podem mudar para muitas blockchains diferentes praticamente à vontade, como é o caso da mineração multipool.

Como funciona o mecanismo de fornecimento do Bitcoin?

Bitcoin usa um mecanismo de fornecimento PoW. Um mecanismo de fornecimento é a maneira pela qual novos tokens são introduzidos na rede. PoW, ou "Prova de trabalho" significa literalmente que o trabalho (em termos de equações matemáticas) é necessário para criar blocos. Quem faz o trabalho são mineiros.

Como é calculado o valor de mercado do Bitcoin?

A equação para o valor de mercado é muito simples: # de unidades x preço por unidade. As "unidades" de Bitcoin são moedas, então para resolver por valor de mercado pode-se multiplicar a oferta circulante (aprox. 18,8 milhões) pelo preço por moeda (aprox. US$ 50.000). O número resultante (neste caso, 940 bilhões) é o valor de mercado.

Você pode dar e obter empréstimos Bitcoin?

Sim, você pode aproveitar o Bitcoin e outras criptomoedas para contratar um empréstimo em USD. Esses empréstimos são ideais para pessoas que não querem vender suas participações em Bitcoin, mas que precisam de dinheiro para despesas como pagamentos de carros ou propriedades, viagens, compra de um imóvel, etc. Contrair um empréstimo permite que o titular mantenha seus ativos, mas ainda assim aproveite o valor bloqueado no ativo. Além disso, os empréstimos em Bitcoin têm prazos de entrega e aceitação extremamente rápidos, as pontuações de crédito não importam e os empréstimos vêm com algum grau de confidencialidade (ou seja, os credores não têm interesse no que você gasta o dinheiro). Como credor, é uma boa estratégia para criar renda a partir de participações sedentárias; em ambos os lados, o risco está em grande parte nas flutuações do Bitcoin. De qualquer forma, é um negócio intrigante e que está apenas começando e tem um potencial de crescimento realmente enorme. Os serviços mais populares para dar e obter empréstimos de Bitcoin e moedas são blockfi.com, lendabit, youhodler, btcpop, coinloan.io e mycred.io.

Quais são os maiores problemas com o Bitcoin?

O Bitcoin, infelizmente, não é perfeito. Foi o primeiro de seu tipo, e nenhuma nova tecnologia é aperfeiçoada na primeira tentativa. O maior problema atual e de longo prazo enfrentado pelo Bitcoin é o de energia e escala. O Bitcoin opera através de um sistema PoW (prova de trabalho), e a desvantagem incorrida é o alto uso de energia; O Bitcoin atualmente usa 78 tW/hora por ano (grande parte dos quais, embora não todos, utiliza carbono). Para fornecer alguma perspectiva, um terawatt-hora é uma unidade de energia igual a produzir um trilhão de watts por uma hora. Apesar disso, a rede Bitcoin consome três vezes menos energia do que o sistema monetário tradicional; A questão está no uso de energia em massa e no uso de energia em relação a outras criptomoedas.[18] Um sistema PoS (proof-of-stake), como o empregado pelo Ethereum, usa 99,95% menos energia do que uma alternativa PoW.[19] Isso é mais importante do que qualquer dado absoluto de consumo de energia, porque sugere o fato de que o Bitcoin tem o

---

[18] "Os bancos consomem mais de três vezes mais energia do que o Bitcoin..." https://bitcoinist.com/banks-consume-energy-bitcoin/.

[19] "A prova de participação pode tornar o Ethereum 99,95% mais eficiente em termos de energia..." https://www.morningbrew.com/emerging-tech/stories/2021/05/19/proofofstake-make-ethereum-9995-energyefficient-work.

potencial de consumir muito menos energia do que atualmente, mesmo que uma necessidade ideal de energia esteja muito longe. Além da escala, um problema igualmente importante que o Bitcoin enfrenta no longo prazo (não em termos de sobrevivência, mas em termos de valor) é a utilidade. O Bitcoin tem pouca utilidade inerente e serve mais como reserva de valor do que como tecnologia. Pode-se argumentar que o Bitcoin preenche um nicho e age como um ouro digital, mas a faca de dois gumes de um nicho sedentário é que a volatilidade do Bitcoin é extremamente alta para uma reserva de valor de longo prazo e, em algum momento, ou a volatilidade deve diminuir ou o uso permanecerá limitado ao grupo demográfico que está confortável com a alta volatilidade. No mínimo, a questão da utilidade levanta a questão das alternativas altcoin; uma vez que os casos de uso das criptomoedas são variados, especialmente no que diz respeito à utilidade, e, portanto, as criptomoedas que não o Bitcoin devem e existirão em escala no longo prazo. A pergunta de qual, se respondida corretamente, será muito proveitosa.

O Bitcoin tem moedas ou tokens?

O Bitcoin consiste em moedas, mas entender a diferença entre tokens e moedas é importante. Um token de criptomoeda é uma unidade digital que representa um ativo, assim como uma moeda. No entanto, enquanto as moedas são construídas sobre sua própria blockchain, os tokens são construídos sobre outra blockchain. Muitos tokens usam o blockchain Ethereum e, portanto, são referidos como tokens, não moedas. As moedas são usadas apenas como dinheiro, enquanto os tokens têm uma gama mais ampla de usos. Entender os tokens é parte integrante de entender exatamente o que você está negociando, bem como entender todos os usos das moedas digitais e, por essas razões, as subcategorias de token mais populares são analisadas aqui:

1. *Os tokens de segurança* representam a propriedade legal de um ativo, seja ele digital ou físico. A palavra "segurança" em tokens de segurança não significa segurança como em ser seguro, mas sim "segurança" refere-se a qualquer instrumento financeiro que tenha valor e possa ser negociado. Basicamente, os tokens de segurança representam um investimento ou ativo.

2. *Os tokens de utilitário* são incorporados em um protocolo existente e podem acessar os serviços desse protocolo. Lembre-se, os protocolos fornecem regras e uma estrutura

para os nós seguirem, e os tokens de utilidade podem ser usados para fins mais amplos do que apenas como um token de pagamento. Por exemplo, tokens de utilidade são comumente dados a investidores durante uma ICO. Então, mais tarde, os investidores podem usar os tokens de utilidade que receberam como meio de pagamento na plataforma da qual receberam os tokens. A principal coisa a ter em mente é que os tokens de utilidade podem fazer mais do que apenas servir como um meio para comprar ou vender bens e serviços.

3. *Os tokens de governança* são usados para criar e executar um sistema de votação para criptomoedas que permite atualizações do sistema sem um proprietário centralizado.

4. *Os tokens de pagamento (transacionais)* são usados exclusivamente para pagar por bens e serviços.

Você pode ganhar dinheiro apenas segurando Bitcoin?

Muitas moedas fornecerão recompensas apenas por manter o ativo; Os detentores de Ethereum em breve farão 5% de TAEG sobre o ETH apostado. No entanto, a palavra importante é "apostada" porque todas as moedas que oferecem dinheiro apenas para manter a moeda ou token (chamado de "recompensas de stake") operam em um sistema e algoritmo PoS (prova de participação). Um algoritmo PoS é uma alternativa ao PoW (prova de trabalho) que permite que uma pessoa minere e valide transações com base no número de moedas possuídas. Então, com o PoS, quanto mais você possui, mais você minera. O Ethereum pode em breve rodar em prova de participação, e muitas alternativas já funcionam. Dito tudo isso, você ainda pode ganhar juros sobre seu Bitcoin emprestando-o para tomadores de empréstimos.

O Bitcoin tem derrapagem?

Para fornecer algum contexto, a derrapagem pode ocorrer quando uma negociação é colocada com uma ordem de mercado. As ordens de mercado tentam executar ao melhor preço possível, mas às vezes ocorre uma diferença notável entre o preço esperado e o preço real. Por exemplo, você pode ver que examplecoin está em $ 100, então você coloca em uma ordem de mercado para $ 1000. No entanto, você acaba recebendo apenas 9,8 examplecoin para o seu $ 1000, em vez dos 10 esperados. A derrapagem acontece porque os spreads de compra/venda mudam rapidamente (basicamente, o preço de mercado mudou). Bitcoin e a maioria das criptomoedas estão sujeitas a derrapagens; Por esse motivo, se você estiver colocando uma ordem grande, considere colocar uma ordem de limite em vez de uma ordem de mercado. Isso eliminará a derrapagem.

Quais siglas de Bitcoin devo saber?

ATH

Sigla que significa "sempre alta". Este é o preço mais alto que uma criptomoeda atingiu dentro de um período de tempo escolhido.

ATL

Sigla que significa "baixa de todos os tempos". Este é o preço mais baixo que uma criptomoeda atingiu dentro de um período de tempo escolhido.

BTD

Sigla que significa "Compre o Dip". Também pode ser representado, juntamente com alguma linguagem salgada, como BTFD.

CEX

Sigla que significa "troca centralizada". As exchanges centralizadas são de propriedade de uma empresa que gerencia transações. Coinbase é um CEX popular.

ICO

"Oferta inicial de moedas."

P2P

"Pés são pés."

PND

"Bomba e despejo."

ROI

"Retorno do investimento."

DLT

Sigla que significa "Tecnologia de Contabilidade Distribuída". Um livro-razão distribuído é um livro-razão que é armazenado em muitos locais diferentes para que as transações possam ser validadas por várias partes. As redes Blockchain usam livros contábeis distribuídos.

SATS

SATS é a abreviação de Satoshi Nakamoto, que é o pseudônimo usado pelo criador do Bitcoin. Um SATS é a menor unidade permitida de bitcoin, que é 0,00000001 BTC. A menor unidade de bitcoin também é referida simplesmente como um Satoshi.

Que gíria Bitcoin devo saber?

Saco

Um saco refere-se à posição de alguém. Por exemplo, se você possui uma quantidade considerável em uma moeda, você possui um saco delas.

Porta-sacos

Um portador de saco é um comerciante que tem uma posição em uma moeda sem valor. Os detentores de bolsas muitas vezes mantêm a esperança em sua posição inútil

Golfinho

Os detentores de criptomoedas são classificados através de vários animais diferentes. Aqueles com explorações extremamente grandes, como na década de 10 milhões, são chamados de baleias, enquanto aqueles com explorações de tamanho moderado são chamados de golfinhos.

Flippening / Flappening

O "flippening" é usado para descrever o momento hipotético em que, se houver, o Etherium (ETH) ultrapassou o Bitcoin (BTC) em valor de mercado. O "flappening" foi o momento em que o Litecoin (LTC) ultrapassou o Bitcoin Cash (BCH) em valor de mercado. A pancadaria aconteceu em 2018, enquanto a virada ainda não ocorreu e, com base puramente no valor de mercado, é improvável que aconteça.

Lua / Para a Lua

Termos como "para a lua" e "vai para a lua" simplesmente se referem à criptomoeda subindo de valor, normalmente por uma quantidade extrema.

Vaporware

Vaporware é uma moeda ou token que foi alardeado, mas tem pouco valor intrínseco e é provável que diminua de valor.

Vladimir Clube

Termo que descreve alguém que adquiriu 1% de 1% (0,01%) da oferta máxima de uma criptomoeda.

Mãos fracas

Os traders que você tem "mãos fracas" não têm confiança para manter seus ativos no. Face à volatilidade e muitas vezes negociar na emoção, em vez de manter o seu plano de negociação.

REKT

Grafia fonética de "destruído".

HODL

"Aguenta a vida querida."

DYOR

"Faça sua própria pesquisa."

FOMO

"Medo de ficar de fora."

FUD

"Medo, incerteza e dúvida."

JOMO

"Alegria de perder."

ELI5

"Explique como se eu tivesse 5 anos."

Você pode usar alavancagem e margem para negociar Bitcoin?

Para fornecer contexto para aqueles que não estão familiarizados com a negociação alavancada, os comerciantes podem "alavancar" o poder de negociação negociando em fundos emprestados de terceiros. Por exemplo, digamos que você tenha R$ 1.000 e esteja usando alavancagem de 5x; Agora você está negociando com US$ 5.000 em fundos, dos quais US$ 4.000 você pegou emprestado. Por essa mesma função, a alavancagem de 10x é de US$ 10.000 e a de 100x é de US$ 100.000. A alavancagem permite que você amplie os lucros usando dinheiro que não é seu e mantendo parte do lucro extra. A negociação de margem é quase intercambiável com a negociação de alavancagem (uma vez que a margem cria alavancagem) e a única diferença é que a margem é expressa como um depósito percentual necessário, enquanto a alavancagem é uma proporção (ou seja, você pode negociar com margem em alavancagem de 3x). A negociação de alavancagem e margem é muito arriscada; De um modo geral, a menos que você tenha um trader experiente e tenha alguma estabilidade financeira, a negociação de alavancagem não é recomendada. Dito isso, muitas exchanges oferecem serviços de negociação alavancados para Bitcoin e outras criptomoedas. A lista a seguir lista os melhores serviços que oferecem negociação de alavancagem cripto:

- Binance (popular, melhor no geral)
- Bybit (melhores gráficos)
- BitMEX (mais fácil de usar)
- Deribit (melhor para negociação de Bitcoin alavancada)
- Kraken (popular, fácil de usar)
- Poloniex (alta liquidez)

O que é uma bolha Bitcoin?

Uma bolha no Bitcoin e todos os investimentos refere-se a um momento durante o qual tudo está subindo a uma taxa insustentável. Muitas vezes, bolhas estouram e desencadeiam um grande acidente. Por essa razão, estar em uma bolha, seja se referindo ao mercado como um todo ou a uma moeda ou token específico, é uma coisa boa e (mais) ruim.

O que significa ser "bullish" ou "bearish" no Bitcoin?

Ser um urso significa que você acha que o preço de uma moeda, token ou o valor do mercado como um todo vai cair. Se você pensa assim, também é considerado "pessimista" na segurança dada. O oposto é ser otimista: uma pessoa que acha que um título vai subir de valor está otimista com esse título. Essas palavras foram popularizadas na terminologia do mercado de ações, e acredita-se que a origem esteja ligada aos traços dos animais: um touro empurrará seus chifres para cima enquanto ataca um oponente, enquanto um urso se levantará e deslizará para baixo.

O Bitcoin é cíclico?

Sim, o Bitcoin é historicamente cíclico e tende a operar em ciclos de vários anos (especificamente, ciclos de 4 anos) que historicamente se dividiram no seguinte: altas revolucionárias, uma correção, acumulação e, finalmente, recuperação e continuação. Isso pode ser simplificado para um grande up, major down, little up ou sideways, e um big up. As altas de avanço normalmente seguem (normalmente um ano ou mais depois) os eventos de halving do Bitcoin, que acontecem a cada quatro anos (o mais recente dos quais ocorreu em 2020). Isso, de forma alguma, é uma ciência exata, mas fornece alguma perspectiva sobre o potencial de médio prazo e a ação do preço do Bitcoin. Além disso, grandes saltos de Altcoins (especificamente altcoins médias e pequenas) normalmente ocorrem enquanto o Bitcoin não está fazendo um grande movimento para cima nem um grande movimento para baixo, e muitas vezes seguindo um grande movimento para cima. Nesse ponto, os investidores pegam os lucros do Bitcoin (enquanto o preço se consolida) e os colocam em moedas menores. Então, tudo isso geralmente é algo para se pensar, especialmente se você está pensando em comprar ou vender Bitcoin.

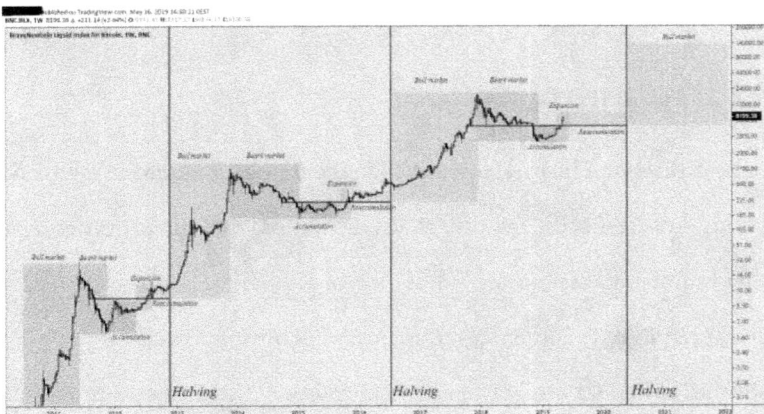

2021

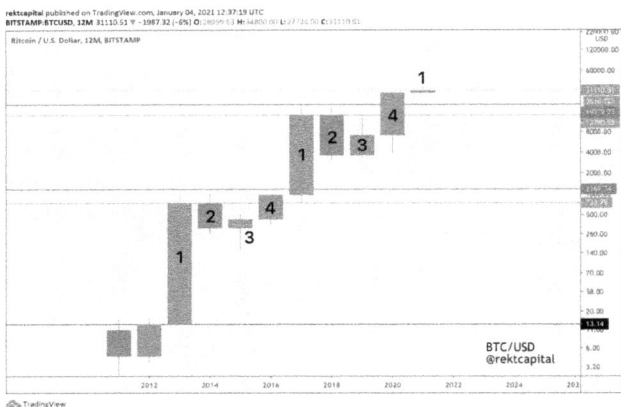

22

---

[21] "Detalhamento dos ciclos de quatro anos do Bitcoin | Academia Forex." 10 de fevereiro de 2021, https://www.forex.academy/detailed-breakdown-of-bitcoins-four-years-cycles/. Acesso em 4 set 2021.

[22] "Um detalhamento dos ciclos de quatro anos do Bitcoin | Hacker Noon". 29 de outubro de 2020, https://hackernoon.com/a-detailed-breakdown-of-bitcoins-four-year-cycles-icp3z0q. Acesso em 4 set 2021.

Qual é a utilidade do Bitcoin?

A utilidade dentro de uma moeda ou token é um dos aspectos mais importantes da due diligence, uma vez que entender a utilidade atual e de longo prazo e o valor por trás de uma moeda ou token permite uma análise muito mais clara do potencial. Utilidade é definida como sendo útil e funcional; Criptomoedas ou tokens com utilidade têm usos reais e práticos: eles não apenas existem, mas servem para resolver um problema ou oferecer um serviço. As moedas com os usos e casos de uso atuais mais funcionais provavelmente terão sucesso, em oposição àquelas sem propósito, uso e inovação contínuos. Aqui estão alguns estudos de caso, incluindo o do Bitcoin:

❖ O Bitcoin (BTC) serve como uma reserva de valor confiável e de longo prazo, semelhante ao "ouro digital".

❖ Ethereum (ETH) permite a criação de dApps e Smart Contracts em cima da blockchain Ethereum.

❖ O Storj (STORJ) pode ser usado para armazenar dados na nuvem de forma descentralizada, semelhante ao Google Drive e ao Dropbox.

❖ O Basic Attention Token (BAT) é usado dentro do navegador Brave para ganhar recompensas e enviar dicas aos criadores.

❖ Golem (GNT) é um supercomputador global que oferece recursos de computação alugados em troca de tokens GNT.

É melhor segurar Bitcoin ou negociá-lo?

Historicamente falando, é mais lucrativo e mais fácil simplesmente manter Bitcoin. O tempo, o esforço e o tempo necessários para negociar com sucesso (ou para obter um lucro maior do que aqueles que detêm) é uma mistura extremamente difícil de montar; Aqueles que fazem isso geralmente são comerciantes em tempo integral ou têm acesso a ferramentas que outros não têm. A menos que você esteja disposto a abraçar esse nível de dedicação ou realmente goste do processo, é muito melhor manter e comprar Bitcoin a longo prazo.

Investir em Bitcoin é arriscado?

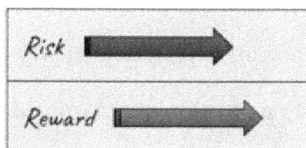

A imagem acima é baseada no princípio de tradeoff risco-retorno. Quando vemos todos os outros ganhando dinheiro (como é amplamente e perigosamente permitido pelas mídias sociais, já que todos postam as vitórias e não as perdas), como está acontecendo atualmente no mercado cripto, estamos propensos a assumir inconscientemente (ou conscientemente) uma falta de risco significativo. No entanto, de um modo geral (especialmente no que diz respeito aos investimentos), quanto mais recompensa houver, mais risco haverá. Investir em criptomoedas não é isento de risco, nem de baixo risco; É extremamente arriscado, mas sendo uma faca de dois gumes, também oferece recompensa extrema.

O que é o white paper do Bitcoin?

Um white paper é um relatório informativo emitido por uma organização sobre um determinado produto, serviço ou ideia geral. Os white papers explicam (na verdade, vendem) o conceito e fornecem uma ideia e um cronograma de eventos futuros. Geralmente, isso ajuda os leitores a entender um problema, descobrir como os criadores do artigo pretendem resolver esse problema e formar uma opinião sobre esse projeto. Três tipos de white papers frequentam o espaço empresarial: primeiro, o "backgrounder", que explica o background por trás de um produto, serviço ou ideia e fornece informações técnicas e focadas na educação que vendem o leitor. Um segundo tipo de white paper é uma "lista numerada" que exibe o conteúdo em um formato digerível e orientado a números. Por exemplo, "10 casos de uso para moeda CM" ou "10 razões pelas quais o token HL dominará o mercado". Um tipo final é um white paper de problema/solução, que define o problema que o produto, serviço ou ideia visa resolver e explica a solução criada.

White papers são usados dentro do espaço cripto para explicar novos conceitos e os aspectos técnicos, visão e planos em torno de um determinado projeto. Todos os projetos de criptografia profissionais terão um white paper, normalmente encontrado em seu site. A leitura do white paper oferece uma melhor compreensão de um projeto do que praticamente qualquer outra fonte única de informações acessíveis. O white paper do Bitcoin foi publicado em 2008 e delineou os princípios de um sistema de pagamento eletrônico transparente, distribuído e P2P criptograficamente seguro, distribuído e P2P. Você pode ler o white paper original do Bitcoin por si mesmo no seguinte link:

bitcoin.org/bitcoin.pdf

Abaixo estão alguns sites que fornecem mais informações sobre, ou acesso a, white papers de criptomoedas.

Todos os White Papers de criptografia

https://www.allcryptowhitepapers.com/

Criptoclassificação

https://cryptorating.eu/whitepapers/

Mesa de Moedas

https://www.coindesk.com/tag/white-papers

O que são chaves Bitcoin?

Uma chave é uma sequência aleatória de caracteres usada por algoritmos para criptografar dados. O Bitcoin e a maioria das criptomoedas usam duas chaves: uma chave pública e uma chave privada. Ambas as teclas são cadeias de letras e números. Depois que um usuário inicia sua primeira transação, um par de uma chave pública e uma chave privada é criado. A chave pública é usada para receber criptomoedas, enquanto a chave privada permite que o usuário realize transações de sua conta. Ambas as chaves são armazenadas em uma carteira.

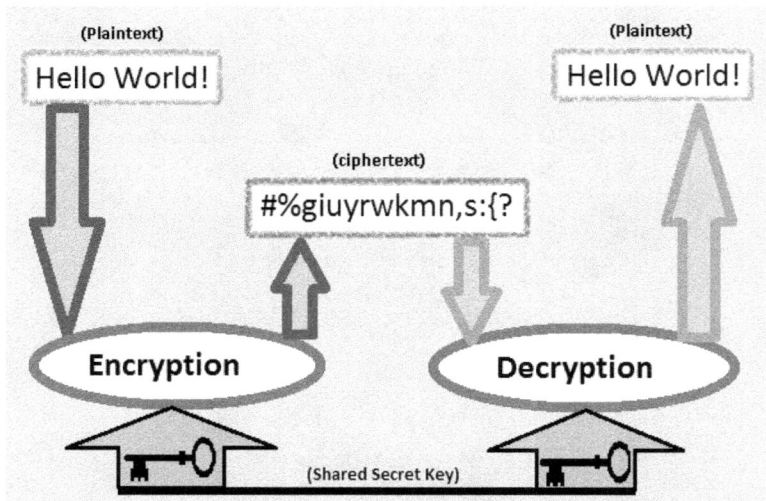

(Plaintext)
Hello World!

(ciphertext)
#%giuyrwkmn,s:{?

(Plaintext)
Hello World!

Encryption

Decryption

(Shared Secret Key)

23

23 Dev-NJITWILL / PDM / File:Crypto.png

O Bitcoin é escasso?

Sim. Bitcoin é um ativo deflacionário com uma oferta fixa. As criptomoedas de fornecimento fixo têm um limite de fornecimento algorítmico. O Bitcoin, como mencionado, é um ativo de oferta fixa, já que nenhuma outra moeda pode ser criada depois que 21 milhões foram colocados em circulação. Atualmente, quase 90% do bitcoin foi minerado e cerca de 0,5% do fornecimento total está sendo retirado de circulação por ano (devido às moedas serem enviadas para contas inacessíveis. De acordo com o halving (abordado mais tarde), o Bitcoin atingirá sua oferta máxima por volta do ano 2140. Muitas outras criptomoedas (originadas do site cryptoli.st, verifique-as por si mesmo se você estiver interessado em outras listas de criptomoedas), como Binance Coin (BNB), Cardano (ADA), Litecoin (LTC) e ChainLink (LINK), também são fundadas em um sistema deflacionário de fornecimento fixo. Mais informações sobre o conceito de sistemas deflacionários e por que isso torna o Bitcoin escasso são descritas na pergunta "o que significa Bitcoin sendo deflacionário?" abaixo.

O que são baleias Bitcoin?

Baleias, em criptomoedas, referem-se a indivíduos ou entidades que detêm o suficiente de uma determinada moeda ou token para serem considerados grandes players com potencial para influenciar a ação do preço. Cerca de 1000 baleias Bitcoin individuais possuem 40% de todos os Bitcoins, e 13% de todo o Bitcoin é mantido em pouco mais de 100 contas.[24] As baleias Bitcoin podem manipular o preço do Bitcoin através de várias estratégias, e certamente o fizeram nos últimos anos. Um interessante artigo relacionado (publicado pelo Medium) é "Bitcoin Whales and Crypto Market Manipulation".

---

[24] "O estranho mundo das 'baleias' do Bitcoin 22 de janeiro de 2021, https://www.telegraph.co.uk/technology/2021/01/22/weird-world-bitcoin-whales-2500-people-control-40pc-market/.

Quem são os mineradores de Bitcoin?

Os mineradores de Bitcoin são qualquer pessoa que empresta poder computacional à rede Bitcoin. Isso varia de usuários de PC Nicehash para fazendas de mineração completas; Qualquer pessoa que adicione qualquer poder à rede (aumentando assim a taxa de hash) é definida como um minerador. Os mineradores de Bitcoin oferecem poder computacional à rede Bitcoin, que é usada para verificar transações e adicionar blocos ao blockchain, em troca de recompensas em Bitcoin.

O que significa "queimar" Bitcoin?

O termo "queimado" refere-se ao processo de queima, que é um mecanismo de abastecimento que permite que as moedas sejam retiradas de circulação, agindo assim como uma ferramenta deflacionária e aumentando o valor de cada moeda na rede (cujo conceito é muito parecido com uma empresa recomprando ações no mercado de ações). A queima pode ser realizada de várias maneiras diferentes: uma dessas maneiras é enviar moedas para uma carteira inacessível, que é chamada de "endereço de comedor". Neste caso, embora os tokens não tenham sido tecnicamente removidos do fornecimento total, o fornecimento circulante efetivamente diminuiu. Atualmente, cerca de 3,7 milhões de Bitcoins (200+ bilhões de valor) foram perdidos através desse processo. Os tokens também podem ser gravados codificando uma função de gravação nos protocolos que governam um token, mas a opção muito mais popular é através dos endereços de comedor mencionados. Uma análise de criptomoedas chamada Timothy Paterson afirmou que 1.500 Bitcoins são perdidos a cada dia, o que excede em muito o aumento médio diário (por meio da mineração) de 900. Em última análise, até certo ponto, a perda de moedas aumenta a escassez e o valor.

O que significa Bitcoin sendo deflacionário?

O Bitcoin é um ativo de oferta fixa (o que significa que o fornecimento de moedas tem um limite algorítmico), já que não é possível criar mais moedas depois que 21 milhões forem colocados em circulação. Atualmente, quase 90% dos Bitcoins foram minerados, e cerca de 0,5% da oferta total está sendo perdida por ano. Como resultado do halving, o Bitcoin atingirá sua oferta máxima em torno de 2140. O benefício mais aparente de um sistema de abastecimento fixo é que tais sistemas são deflacionários. Os ativos deflacionários são ativos em que a oferta total diminui ao longo do tempo e, portanto, cada unidade aumenta de valor. Por exemplo, digamos que você está preso em uma ilha deserta com outras 10 pessoas, e cada pessoa tem 1 garrafa de água. Como algumas pessoas presumivelmente beberão sua água, o fornecimento total de 100 garrafas de água só pode diminuir. Isso faz da água um ativo deflacionário. À medida que a oferta total diminui, cada garrafa de água passa a valer cada vez mais. Digamos que, agora, restam apenas 20 garrafas de água. Cada uma das 20 garrafas de água vale tanto quanto 5 garrafas de água valiam quando todas as 100 estavam circulando. Desta forma, os detentores a longo prazo de ativos deflacionários experimentam um aumento no valor de suas participações porque o valor fundamental em relação ao todo (no exemplo da garrafa de água, 1 garrafa em 100 é 1%, enquanto 1 em 20 é 5%, fazendo com que cada garrafa valha 5x mais) aumentou. No geral, um modelo de oferta fixa e deflacionário, muito parecido com o ouro digital (especialmente no que diz respeito ao Bitcoin especificamente), aumentará o valor fundamental de cada moeda ou token ao longo do tempo e criará valor por meio da escassez.

Qual é o volume do Bitcoin?

Volume de negociação, conhecido apenas como "volume", é o número de moedas ou tokens negociados dentro de um período de tempo especificado. O volume pode mostrar a saúde relativa de uma determinada moeda ou o mercado geral. Por exemplo, até o momento em que este artigo foi escrito, o Bitcoin (BTC) tem um volume de 24h de US$ 46 bilhões, enquanto o Litecoin (LTC), no mesmo período, negociou US$ 7 bilhões. Esse número em si, no entanto, é um tanto arbitrário; Um meio padronizado de comparação dentro do volume é a razão entre o valor de mercado e o volume. Por exemplo, continuando com as duas moedas acima, o Bitcoin tem um valor de mercado de US$ 1,1 trilhão e um volume de US$ 46 bilhões, o que significa que US$ 1 em cada US$ 24 na rede foi negociado nas últimas 24 horas. O Litecoin tem um valor de mercado de US$ 16,7 bilhões e um volume de 24h de US$ 7 bilhões, o que significa que US$ 1 de cada US$ 2,3 na rede foi negociado nas últimas 24 horas. Através de uma compreensão do volume, outras informações sobre uma moeda, como popularidade, volatilidade, utilidade e assim por diante, podem ser melhor compreendidas. Informações sobre o volume de Bitcoin e outras criptomoedas podem ser encontradas abaixo:

CoinMarketCap - coinmarketcap.com

CoinGecko – coingecko.com

Como o Bitcoin é minerado?

Bitcoin é minerado através da aplicação de nós (nós, para recapitular, são computadores na rede). Os nós resolvem problemas complexos de hashing, e os proprietários de nós são recompensados proporcionalmente à quantidade de trabalho (portanto, prova de trabalho) concluído. Dessa forma, os donos de nós (chamados de mineradores) podem minerar Bitcoin.

Você pode obter USD com Bitcoin?

Sim! Na pergunta logo abaixo, você vai aprender sobre pares. As moedas fiduciárias podem ser convertidas dentro e fora do Bitcoin através de um par fiat-para-cripto. O par Bitcoin-para-USD é BTC/USD. O dólar americano é a moeda de cotação do Bitcoin e de outras moedas, o que significa que o USD é o parâmetro ao qual outras criptomoedas são comparadas; é por isso que você pode dizer "Bitcoin atingiu 50.000", enquanto o Bitcoin realmente acabou de chegar a um valor equivalente a 50.000 dólares americanos.

O que é um par Bitcoin?

Todas as criptomoedas operam em pares. Um par é uma combinação de duas criptomoedas que permite que tais criptos sejam trocadas. Um par BTC/eth (cripto-para-cripto) permite que o Bitcoin seja trocado por Ethereum e vice-versa. Um par BTC/USD (cripto-para-fiat) permite que o Bitcoin seja trocado pelo dólar americano e vice-versa. Dada a grande quantidade de criptomoedas menores, o mercado de câmbio está focado em torno de algumas grandes criptomoedas que, por sua vez, trocam em qualquer outra coisa. Por exemplo, um par Celo (CGLD) para Fetch.ai (FET) pode não existir, mas um par CGLD/BTC e um par BTC/FET permite que CGLD seja convertido em FET. Para simplificar, pares são a web que conecta diferentes ativos. Os pares também permitem a arbitragem, que é a negociação sobre a diferença de preços de pares entre diferentes bolsas e mercados.

Bitcoin é melhor que Ethereum?

A principal diferença entre Bitcoin e Etherem é a proposta de valor. O Bitcoin foi criado como uma reserva de valor, parente de um ouro digital, enquanto o Ethereum atua como uma plataforma na qual são criados aplicativos descentralizados (dApps) e contratos inteligentes (alimentados pelo token ETH e pela linguagem de programação Solidity). Como o ETH é necessário para executar dApps na blockchain Ethereum, o valor do ETH está um pouco ligado à utilidade. Em uma frase; O Bitcoin é uma moeda, enquanto o Ethereum é uma tecnologia, e nesse sentido o Ethereum não foi criado como um concorrente do Bitcoin, mas sim para complementar e construir ao lado dele. Para isso, a questão de qual é melhor é como comparar uma maçã a um tijolo; Ambos são ótimos no que fazem e escolher um em detrimento do outro é escolher a proposta de valor em detrimento de outra (por exemplo: precisamos da maçã para comer, mas do tijolo para criar abrigo), cuja pergunta não tem uma resposta clara ou consensual.

Você pode comprar coisas com Bitcoin?

O Bitcoin representa um senso compartilhado de valor; O valor pode ser transacionado e trocado por itens de valor equivalente ou quase equivalente, assim como qualquer outra moeda. Apesar disso, é bastante difícil ou impossível comprar diretamente a maioria das coisas com Bitcoin (dito isso, as opções existem e estão se expandindo rapidamente). Claro, sempre se pode apenas trocar Bitcoin por sua determinada moeda e usar a moeda para comprar coisas, mas a pergunta permanece: por que você ainda não pode usar Bitcoin para comprar quaisquer itens que você pagaria com outros métodos de pagamento digital? Tal questão é complexa, mas principalmente tem a ver com o fato de que o sistema estabelecido de moedas apoiadas pelo governo funcionou por um bom tempo, enquanto as criptomoedas são novas e operam fora do controle e influência do governo. As tendências atuais apontam para que as criptomoedas se integrem em grande medida a varejistas online (e, em certa medida, offline), atacadistas e vendedores independentes (por meio da integração com processadores de pagamento, como Stripe, PayPal, Square, etc). Já a Microsoft (na loja do Xbox), Home Depot (via Flexa), Starbucks (via Bakkt), Whole Foods (via Spedn) e muitas outras empresas aceitam

Bitcoin; os pontos de inflexão são os principais varejistas online que aceitam Bitcoin (Amazon, Walmart, Target, etc) e o ponto em que os governos adotam ou rechaçam as criptomoedas como método de pagamento.

Qual é a história do Bitcoin?

Em 1991, uma cadeia de blocos criptograficamente segura foi conceituada pela primeira vez. Quase uma década depois, em 2000, Stegan Knost publicou sua teoria sobre cadeias seguras por criptografia, bem como ideias para implementação prática e 8 anos depois, Satoshi Nakamoto lançou um white paper (um white paper sendo um relatório e guia completo) que estabeleceu um modelo para um blockchain. Em 2009, Nakamoto implementou o primeiro blockchain, que foi usado como o livro-razão público para transações feitas usando a criptomoeda que ele desenvolveu, chamada Bitcoin. Finalmente, em 2014, casos de uso para blockchain e redes blockchain começaram a se desenvolver fora da criptomoeda, abrindo assim as possibilidades do Bitcoin e blockchain para o mundo mais amplo.

Como comprar Bitcoin?

O Bitcoin pode ser comprado principalmente através de exchanges e mantido, posteriormente, na bolsa ou em uma carteira. Trocas populares para usuários dos EUA e globais estão listadas abaixo:

NOS

Coinbase - coinbase.com (melhor para novos investidores)

PayPal - paypal.com (fácil para quem já usa PayPal)

Binance US - binance.us (melhor para altcoins, investidores avançados)

Bisq - bisq.network (descentralizado)

Global (funcionalidade não disponível/limitada nos EUA)

Binance - binance.com (melhor geral)

Huibo Global -huobi.com (a maioria das ofertas)

7b - sevenb.io (fácil)

Crypto.com - crypto.com (taxas mais baixas)

Uma vez que uma conta é criada em uma exchange, os usuários podem transferir moeda fiduciária para a conta para comprar as criptomoedas desejadas.

Bitcoin é um bom investimento?

Em termos históricos, o Bitcoin é um dos melhores investimentos da última década, a taxa composta de retorno tem sido de cerca de 200% ao ano e US$ 10 colocados em Bitcoin em 2010 valeriam US$ 7,6 milhões hoje (um retorno surpreendente de 76.500.000% sobre o investimento). No entanto, os retornos rápidos gerados pelo Bitcoin no passado não podem se sustentar indefinidamente, e a questão de se o Bitcoin *será* um bom investimento é outra totalmente diferente. Geralmente, os fatos atualmente fazem com que o Bitcoin seja uma boa retenção de longo prazo, especialmente se você acredita nas tendências aceleradas de descentralização e blockchain. Dito isso, vários eventos de cisne negro podem causar danos extremos ao Bitcoin, e vários concorrentes podem ultrapassar o lugar do Bitcoin. A questão de investir deve ser apoiada por fatos, mas com base em você: a quantidade de risco que você está disposto a assumir, a quantidade de dinheiro que você é capaz e disposto a arriscar, e assim por diante. Então, pesquise, pense da forma mais racional possível e tome decisões de negociação das quais não se arrependerá.

O Bitcoin vai cair?

O Bitcoin é um ativo muito cíclico e tende a cair regularmente. Para detentores de Bitcoin de longo prazo, quedas repentinas e períodos de baixa sustentados são esmagadoramente prováveis. O Bitcoin caiu 80% ou mais (um número considerado desastroso em outros mercados) três vezes diferentes desde 2012; Em todas as ocorrências, ele se recuperou rapidamente. Tudo isso é em parte porque o Bitcoin ainda está em sua fase de descoberta de preço e crescendo rapidamente em termos de adoção, então a volatilidade está correndo solta. Em resumo; historicamente falando, embora o Bitcoin sem dúvida caia, ele também sem dúvida se recuperará.

O que é o sistema PoW do Bitcoin?

Um algoritmo PoW é usado para confirmar transações e criar novos blocos em um determinado blockchain. PoW, que significa Prova de trabalho, significa literalmente que o trabalho (através de equações matemáticas) é necessário para criar blocos. As pessoas que fazem o trabalho são mineradores, e os mineradores são recompensados por seu esforço computacional por meio de equidade.

O que é halving do Bitcoin?

Halving é um mecanismo de fornecimento que governa a taxa na qual as moedas são adicionadas a uma criptomoeda de fornecimento fixo. A ideia e o processo foram popularizados pelo Bitcoin, que cai pela metade a cada 4 anos. O halving é desencadeado por uma redução programada das recompensas de mineração; As recompensas de bloco são as recompensas dadas aos mineradores (na verdade, os computadores) que processam e validam transações em uma determinada rede blockchain. De 2016 a 2020, todos os computadores (chamados de nós) na rede Bitcoin ganharam coletivamente 12,5 Bitcoin a cada 10 minutos, e esse foi o número de Bitcoins entrando em circulação. No entanto, após 11 de maio de 2020, as recompensas caíram para 6,25 Bitcoin no mesmo período. Dessa forma, para cada 210.000 blocos minerados, o que equivale a aproximadamente a cada quatro anos, as recompensas do bloco continuarão a cair pela metade até que o limite máximo de 21 milhões de moedas seja atingido por volta do ano 2040. Assim, o halving provavelmente aumentará o valor do Bitcoin e de outras criptomoedas, diminuindo a oferta sem alterar a demanda. A escassez, como mencionado, gera valor, e a oferta limitada combinada com a demanda crescente cria uma escassez cada vez maior. Por essa razão, o halving historicamente impulsionou o preço do Bitcoin para cima e provavelmente será um catalisador de crescimento de longo prazo.

Crédito da figura para medium.com.

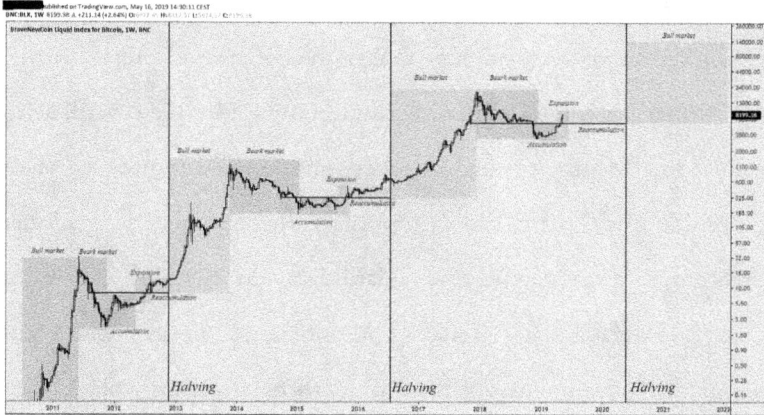

---

[25] https://medium.com/coinmonks/how-the-bitcoin-halving-impacts-bitcoins-price-ac7ba87706f1

Por que o Bitcoin é volátil?

O Bitcoin ainda está em sua "fase de descoberta de preço", o que significa que o mercado está crescendo tão rápido que o verdadeiro valor do Bitcoin permanece desconhecido. Portanto, o valor percebido corre o mercado (impulsionado pela falta de qualquer organização para gerenciar a volatilidade do Bitcoin) e o valor percebido é facilmente afetado por notícias, rumores e assim por diante. Eventualmente, o Bitcoin se tornará menos volátil, mas certamente pode levar um bom tempo.

Devo investir em Bitcoin?

A questão de se você deve investir em Bitcoin não é apenas uma questão de Bitcoin, mas de você. O Bitcoin carrega um risco inerente, sendo um ativo especulativo e volátil, e embora o potencial de alta seja enorme, a espada de dois gumes de risco e recompensa deve ser mantida em mente. A melhor coisa que você pode fazer é aprender o máximo possível sobre Bitcoin, criptomoedas e blockchain (bem como tendências em tais assuntos e desenvolvimentos do mundo real), e combinar essas informações em sua tolerância ao risco, situação financeira e quaisquer outras variáveis que possam afetar sua decisão de investimento.

Como faço para investir com sucesso em Bitcoin?

Estas 5 regras irão ajudá-lo a investir com sucesso em Bitcoin, sendo que dinheiro e negociação são experiências emocionais:

- ❖ Nada dura para sempre
- ❖ Não teria, deveria, poderia ter
- ❖ Não se emocione
- ❖ Diversificar
- ❖ Os preços não importam

Nada dura para sempre

No início de 2021, o mercado cripto está em uma bolha. Isso é dito como um otimista cripto. Os incríveis retornos que as pessoas estão fazendo e as incríveis tendências de alta de praticamente todas as moedas são simplesmente insustentáveis; Se isso se mantiver para sempre, qualquer um pode colocar dinheiro em qualquer coisa e obter um lucro enorme. Isso não significa que o mercado vai zerar ou que os conceitos que impulsionam o crescimento vão falhar; Estou simplesmente defendendo que, em algum momento, o tremendo crescimento vai desacelerar. Isso pode ser lento e gradual, ou rápido, como no caso de um acidente rápido. Historicamente, o Bitcoin tem operado através de ciclos que envolvem corridas de touros massivas, a maior das quais ocorreu no final de 2017, março a julho de 2019, e novamente de novembro de 2020 até o momento em que este artigo foi escrito, abril de 2021. Nas corridas de touros mencionadas, respectivamente, o Bitcoin subiu cerca de 15x (2017), 3x (2019) e agora, na atual corrida de touros, 10x e contando. No único caso anterior em que o Bitcoin subiu mais de 15x, a maior parte do ano seguinte foi gasta caindo de 20k para 4k. Isso apoia a ideia dos ciclos do Bitcoin mencionados, que primeiro têm uma tendência de alta massiva e, em seguida, caem para mínimas mais altas. Isso significa várias coisas: uma, é uma boa aposta para segurar se o Bitcoin estiver caindo. Segundo, se o Bitcoin e o mercado cripto estão subindo enquanto você está lendo isso, provavelmente cairá em algum momento nos próximos anos. Se ele está caindo enquanto você está lendo isso, provavelmente subirá de uma maneira realmente massiva nos próximos anos. É claro que o ecossistema de mercado está sujeito a mudar, mas este é o ponto exato a ser destacado. Supondo que as criptomoedas alcancem a adoção em massa e se tornem parte integrante de todos os aspectos do dinheiro, dos negócios e da vida em geral, *ela terá que se estabilizar* em algum momento. Esse ponto pode ser em 2021, 2023 ou 2030. Ele provavelmente quebrará e subirá várias vezes antes de se estabilizar em um mercado um pouco menos volátil, pelo menos em relação ao seu antigo eu.

Não teria, deveria, poderia ter

Esta regra é tirada de um popular e lendário trader de ações e apresentador do programa *Mad Money*, Jim Cramer. Esse conceito funciona em todos os investimentos, para não mencionar em todas as esferas da vida, e se conecta a governar #31. A ideia é representada através do não teria, não deveria e não poderia. Isso significa que, se você fizer uma negociação ruim, reserve alguns minutos para pensar em como você pode aprender com isso e melhorar; Então, depois desses poucos minutos, não pense no que você *teria* feito, no que deveria ter feito ou no que *poderia* ter feito. Isso permitirá que você aprenda e melhore, mantendo simultaneamente a sanidade, porque, no final do dia, você sempre poderia ter feito melhor. Não se bata em derrotas e não deixe que as vitórias cheguem à sua cabeça.

Não se emocione

A emoção é a antítese da negociação técnica. A negociação técnica baseia a ação atual e futura em dados históricos e, infelizmente, o mercado não se importa como você se sente. A emoção, na maioria das vezes ("não" simplesmente devido à ocorrência aleatória de tomar uma boa decisão através de um processo ruim) só irá prejudicá-lo e tirar as estratégias de negociação que você desenvolveu. Algumas pessoas estão naturalmente confortáveis com o risco e a montanha-russa emocional da negociação; Se você não estiver, você pode considerar aprender sobre a psicologia da negociação (porque entender as emoções é um predecessor da aceitação, racionalidade e controle) e simplesmente dando a si mesmo tempo. A análise fundamentalista e a negociação de médio a longo prazo ainda exigem tudo isso, mas em menor grau.

Diversificar

A diversificação combate o risco. E, como sabemos, cripto é arriscado. Embora qualquer pessoa que invista em criptomoedas assuma e provavelmente procure um certo nível de risco (devido ao princípio de compensação risco-retorno), você (provavelmente) tem um certo nível de risco com o qual não se sente confortável. A diversificação ajuda você a ficar dentro dessa carga máxima de risco. Embora eu não possa falar sobre sua situação única, eu recomendaria a qualquer investidor de criptomoedas para manter uma carteira um pouco diversificada, não importa o quanto você acredite em um projeto. A alocação de fundos deve (normalmente) ser dividida entre alternativas de Bitcoin, Etherium ou ETH (como Cardano, BNB, etc) e várias altcoins, juntamente com algum dinheiro. Embora os percentuais exatos variem dependendo da situação individual (35/25/30/10, 60/25/10/5, 20/20/40/20, etc), a maioria dos profissionais concordaria que essa é a maneira mais sustentável de investir, capturar ganhos em todo o mercado e diminuir as chances de perder uma grande porcentagem de sua carteira devido a uma ou algumas decisões equivocadas. No entanto, dito tudo isso, alguns investidores só colocam dinheiro em uma ou duas criptos top 50 e colocam a maior parte de seu dinheiro em altcoins de pequena capitalização. No final do dia, estabeleça uma estratégia que se adapte à sua situação, recursos e personalidade e, em seguida, diversifique dentro dos limites dessa estratégia.

Preço não importa

O preço é em grande parte irrelevante, uma vez que a oferta e o preço inicial podem ser definidos. Só porque Binance Coin (BNB) está em $ 500 e Ripple (XRP) está em $ 1,80 não significa que XRP vale 277x BNB; Na verdade, as duas moedas estão atualmente dentro de 10% do valor de mercado uma da outra. Quando uma criptomoeda é criada pela primeira vez, o fornecimento é definido pela equipe por trás do ativo; A equipe pode optar por criar 1 trilhão de moedas, ou 10 milhões. Então, olhando para trás em XRP e BNB, podemos ver que a Ripple tem cerca de 45 bilhões de moedas em circulação e a Binance Coin tem 150 milhões. Dessa forma, o preço realmente não importa. Uma moeda a US$ 0,0003 pode valer mais do que uma moeda a US$ 10.000 em termos de valor de mercado, oferta circulante, volume, usuários, utilidade, etc. O preço importa ainda menos devido às ações fracionadas, que permitem aos investidores investir qualquer quantia de dinheiro em uma moeda ou token, independentemente do preço.

Muitas outras métricas são muito mais importantes e devem ser consideradas bem antes do preço. Dito isso, os preços podem afetar a ação do preço como resultado da psicologia. Por exemplo: o Bitcoin tem forte resistência em US$ 50.000 e grande parte dessa resistência pode vir do fato de que US$ 50.000 é um número bom e redondo no qual muitas pessoas colocariam ordens de compra e ordens de venda. Por meio de situações como essa e outras, a psicologia é parte viável da ação do preço e, portanto, da análise.

O Bitcoin tem valor intrínseco?

Não, o Bitcoin não tem valor intrínseco. Nada sobre o Bitcoin exige que ele tenha valor; em vez disso, o valor é gerado pelo usuário. No entanto, por tal definição, todas as moedas do mundo não lastreadas por um padrão de ouro ou prata também não têm valor intrínseco (além do uso material, que é insignificante). Então, em certo sentido, todo dinheiro só tem qualquer grau de valor porque concordamos que tem, e quaisquer argumentos contra ou a favor do uso do Bitcoin por causa de sua falta de valor intrínseco também devem ser aplicados às moedas fiduciárias.

Bitcoin é tributado?

Como diz o ditado, não podemos evitar impostos, e tal ideia certamente se aplica à criptomoeda, apesar da natureza aparentemente anônima e não regulamentada do setor. Para obter as informações mais precisas, você deve visitar o site da sua organização de cobrança de impostos para saber mais sobre o imposto de moeda digital em seu país. Dito isso, as informações a seguir destacam as regras estabelecidas pelos EUA:

- Em 2014, a Receita Federal declarou que as moedas virtuais são propriedade, não moeda.

- Se as criptomoedas forem recebidas como pagamento por bens ou serviços, o valor justo de mercado (em USD) deve ser tributado como renda.

- Se você mantém uma moeda ou token por mais de um ano, é classificado como ganho de longo prazo, e se você o comprou e vendeu dentro de um ano, é um ganho de curto prazo. Os ganhos de curto prazo estão sujeitos a impostos mais altos do que os ganhos de longo prazo.

- A renda da mineração de moedas virtuais é considerada como renda de trabalho autônomo (supondo que o indivíduo não seja um empregado) e está sujeita ao imposto de trabalho autônomo de acordo com o valor justo equivalente das moedas digitais em USD. Até US$ 3.000 de perdas podem ser reconhecidos.

• Quando as moedas digitais são vendidas, os lucros ou perdas estão sujeitos ao imposto sobre ganhos de capital (já que as moedas digitais são consideradas como propriedade) como se uma ação fosse vendida.

O Bitcoin é negociado 24 horas por dia, 7 dias por semana?

O Bitcoin opera 24 horas por dia, 7 dias por semana. Isso, em grande parte, se deve ao fato de que ele deve ser usado em todo o mundo, como uma ferramenta verdadeiramente intercontinental, e dados os fusos horários, qualquer coisa menos operação 24 horas por dia, 7 dias por semana, não atenderia a esses critérios. Também não há nenhum incentivo para não fazê-lo.

Bitcoin usa combustíveis fósseis?

Sim, o Bitcoin usa campos fósseis. Na verdade, muitas usinas de energia de combustíveis fósseis encontraram nova vida ao fornecer a energia necessária para minerar criptomoedas. O Bitcoin usa quase tanta energia quanto um pequeno país puramente por meio de requisitos computacionais, o equivalente a cerca de 0,55% da produção global de eletricidade. Obviamente, os usuários e mineradores de Bitcoin não querem usar combustíveis fósseis e uma transição para fontes de energia renováveis é um grande objetivo, mas o mesmo poderia ser dito sobre dirigir carros movidos a gás e a infinidade de outras atividades diárias que consomem mais combustível fóssil do que o Bitcoin. O problema resume-se mesmo à opinião; aqueles que veem o Bitcoin como uma força pioneira no mundo que auxilia as pessoas em ecossistemas financeiros instáveis e permite maior segurança e privacidade nas transações não estarão preocupados com um uso global de energia de 0,55% (especialmente dada a promessa de uma transição de longo prazo para energia limpa), enquanto aqueles que veem o Bitcoin como inútil ou um golpe provavelmente sentirão exatamente o contrário. Deve-se notar que algumas alternativas de criptomoedas são muito menos intensivas em carbono do que o Bitcoin (Cardano, ADA), neutras em carbono (Bitgreen, BITG) ou negativas em carbono (eGold, EGLD).

O Bitcoin vai atingir 100k?

É provável que o Bitcoin atinja US$ 100.000 por moeda. Isso não significa que vai acontecer em breve, ou que é uma coisa certa; apenas que dados sobre a natureza deflacionária do Bitcoin, retornos históricos, tendências de adoção (se você estiver interessado, pesquise a curva "S" em tecnologia) e inflação fiduciária tornam um aumento de preço para US$ 100.000 como provável. A questão importante não é se vai bater R$ 100 mil, mas quando vai bater R$ 100 mil. A maioria dessas estimativas é, na melhor das hipóteses, especulação educada.

Bitcoin vai bater 1 milhão?

Ao contrário dos US$ 100 mil, o Bitcoin atingir US$ 1 milhão requer alguma escala séria. O CEO da eToro, Iqbal Grandha, disse que o Bitcoin não cumprirá seu potencial até valer US$ 1 milhão por moeda, porque naquele momento cada Satoshi (que é a menor divisão em que o Bitcoin pode ser dividido) valeria US$ 1 centavo. Dadas as economias de escala e o potencial de adoção em massa em todo o mundo (nesse caso, o Bitcoin atuaria como uma moeda de reserva universal), é possível que o preço chegue a US$ 1 milhão. No entanto, outra criptomoeda poderia facilmente ocupar esse lugar, bem como stablecoins apoiadas pelo governo ou moedas digitais. Em combinação, deve-se notar que as moedas fiduciárias são inflacionárias, e o Bitcoin é deflacionário. Essa dinâmica de preço torna US$ 1 milhão muito mais provável no longo prazo. Em última análise, no entanto, é uma incógnita o que deve acontecer, e uma avaliação de US$ 1 milhão por moeda permanece especulativa.

O Bitcoin vai continuar subindo tão rápido?

Não. É literalmente impossível. O Bitcoin devolveu aos investidores quase 200%[26] ao ano nos últimos 10 anos, o que resulta em um retorno de 5,2 milhões por cento ao longo da década. Dado o valor de mercado do Bitcoin no momento em que este artigo foi escrito, um aumento composto sustentado de 200% ultrapassaria toda a oferta monetária do mundo em 4 a 5 anos. Assim, embora seja totalmente possível que o Bitcoin continue subindo, a taxa atual de crescimento é extremamente insustentável. No longo prazo, o crescimento deve se achatar e a volatilidade tende a diminuir.

---

[26] 196,7%, conforme calculado pela CaseBitcoin

O que são forks de Bitcoin?

Um fork é a ocorrência de um novo blockchain sendo criado a partir de outro blockchain. O Bitcoin teve 105 forks, o maior dos quais é o atual Bitcoin Cash. As bifurcações ocorrem quando um algoritmo é dividido em duas versões diferentes. Existem dois tipos de garfos. Um hard fork é um fork que ocorre quando todos os nós da rede atualizam para uma versão mais recente do blockchain e deixam a versão antiga para trás; Dois caminhos são então criados: a nova versão e a versão antiga. Um soft fork contrasta isso tornando a rede antiga inválida; Isso resulta em apenas uma blockchain.

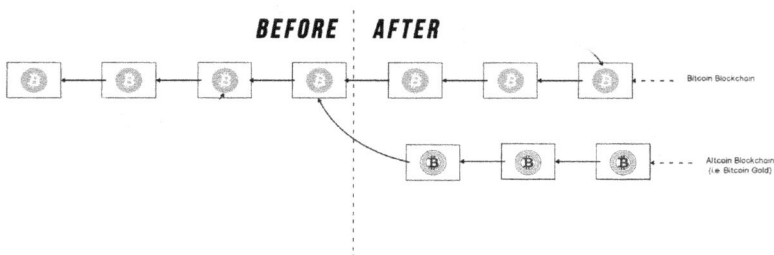

27

27 Baseado em uma imagem de Egidio.casati, CC BY-SA 4.0
<https://creativecommons.org/licenses/by-sa/4.0>

Por que o Bitcoin flutua?

Assim como no mercado de ações, os preços sobem e descem de acordo com a demanda e a oferta. A demanda e a oferta, por sua vez, são afetadas pelo custo de produção de um bitcoin no blockchain, notícias, concorrentes, governança interna e baleias (grandes detentores). Para obter informações sobre por que o Bitcoin é tão volátil quanto é, consulte a infinidade de outras perguntas sobre o assunto.

Como funcionam as carteiras de Bitcoin?

Uma carteira de criptografia é a interface usada para gerenciar participações em criptomoedas. A carteira Coinbase e a Exodus são carteiras comuns. Uma conta, por sua vez, é um par de chaves públicas e privadas a partir das quais você pode controlar seus fundos, que são armazenados no blockchain. Simplificando, as carteiras são contas que armazenam seus acervos para você, assim como um banco.

---

28 Matthäus Wander / CC BY-SA 3.0)

*As carteiras não contêm moedas. As carteiras contêm pares de chaves privadas e públicas, que fornecem acesso a acervos.

O Bitcoin funciona em todos os países?

Bitcoin é uma rede descentralizada de computadores; Todos os endereços são desbloqueáveis e, portanto, acessíveis em qualquer lugar com conexão web. Em países onde o Bitcoin é ilegal (os maiores dos quais são China e Rússia), tudo o que o governo pode fazer é reprimir a infraestrutura (especificamente fazendas de mineração) e o uso do Bitcoin. Em lugares como a Rússia, o Bitcoin não é realmente regulamentado, em vez disso, o uso do Bitcoin como pagamento por bens e serviços é ilegal. A maioria dos outros países segue esse modelo, já que, novamente, bloquear o próprio Bitcoin é impossível. Na verdade, Hester Peirce, da SEC, afirmou que "os governos seriam tolos em banir o Bitcoin". Diante disso, pode-se concluir que o Bitcoin funciona em todos os países, embora em alguns poucos seja ilegal possuir ou usar a moeda.

Quantas pessoas têm Bitcoin?

A melhor estimativa[29] atualmente coloca o número em cerca de 100 milhões de detentores globais, o que representa cerca de 1 em cada 55 adultos. Dito isso, o número verdadeiro é desconhecido, dada a natureza anônima das redes cripto. Pode-se dizer que o crescimento de usuários está na casa dos dois dígitos, o Bitcoin tem várias centenas de milhares de transações por dia, 2+ bilhões de pessoas já ouviram falar de Bitcoin e cerca de meio bilhão de endereços Bitcoin existem no total.

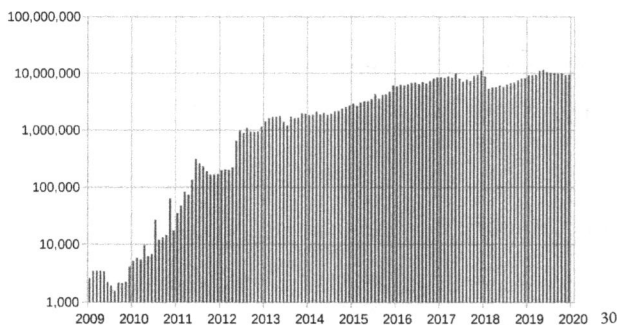

*Número de transações de Bitcoin por mês, em 2020.

[29] buybitcoinworldwide.com
[30] Ladislav Mecir / CC BY-SA 4.0

Quem tem mais Bitcoin?

O misterioso fundador do Bitcoin, Satoshi Nakamoto, é o dono da maior parte do Bitcoin. Ele possui 1,1 milhão de BTCs em várias carteiras, o que lhe dá um patrimônio líquido na casa das dezenas de bilhões. Se os Bitcoins atingissem US$ 180 mil, Satoshi Nakamoto se tornaria a pessoa mais rica do planeta. Depois de Satoshi Nakamoto, os gêmeos Winklevoss e várias agências de aplicação da lei são os maiores detentores (o FBI se tornou um dos maiores detentores de Bitcoin depois de apreender os ativos da Rota da Seda, um mercado de internet fechado em 2013).

Você pode negociar Bitcoin com algoritmos?

Para responder a essa pergunta, vou incluir um trecho de outro dos meus livros sobre Análise Técnica de Criptomoedas. Ele cobre todas as bases e ocupa mais do que algumas páginas, então se você está procurando uma resposta curta eu direi que você pode, mas é difícil.

A negociação algorítmica é a arte de obter um computador para ganhar dinheiro para você. Ou, pelo menos, esse é o objetivo. Os comerciantes, como diz a gíria, tentam identificar um conjunto de regras que, se usadas como base para negociar, geram lucro. Quando essas regras são escolhidas e acionadas, o código executará uma ordem. Por exemplo: digamos que você adora negociar com crossovers exponenciais de média móvel (EMA's). Sempre que você vê a EMA de 12 dias do Bitcoin passar da EMA de 50 dias, você investe 0,01 bitcoin. Então, você normalmente vende quando tem um lucro de 5% ou, se não está dando certo, você reduz suas perdas em 5%. Seria muito fácil converter esta estratégia de negociação preferida em regras de negociação algorítmica. Você codificaria um algoritmo que rastrearia todos os dados do Bitcoin, investiria seu bitcoin de 0,01 durante seu crossover EMA preferido e, em seguida, venderia com um lucro de 5% ou uma perda de 5%. Este algoritmo funcionaria para você enquanto você dorme, enquanto você come, literalmente 24/7 ou durante um tempo que você definir. Uma vez que ele só negocia exatamente como você definiu; você está muito confortável com o risco. Mesmo que o algoritmo funcione apenas 51 em cada 100 negociações, você tecnicamente está obtendo lucro e pode simplesmente continuar para sempre sem colocar nenhum trabalho. Ou, você poderia consultar mais dados e melhorar seu algoritmo para funcionar 55/100 vezes, ou 70/100. Dez anos depois, você agora é um multitrilionário ganhando dinheiro a cada segundo de cada dia enquanto saboreia suco tropical em uma praia ensolarada.

Infelizmente, não é tão fácil, mas esse é o conceito de negociação algorítmica. O aspecto hipotético realmente bom de negociar com uma máquina é que o teto de renda é praticamente ilimitado (ou, no mínimo, imensamente escalável). Considere o gráfico a seguir. Esta é uma visualização de um algoritmo que negocia 200 vezes por dia se certas condições forem atendidas. O algoritmo sairá da posição com um lucro de 5% ou uma perda de 5%, como no exemplo acima. Vamos supor que você dê ao algoritmo US$ 10.000 para trabalhar e 100% do portfólio seja colocado em cada negociação. O vermelho significa uma negociação não lucrativa (uma perda de 5%) e o verde significa uma boa negociação, um ganho de 5%.

De acordo com o gráfico, esse algoritmo está correto apenas 51% das vezes. Neste minuto, um investimento de US$ 10.000 se tornaria US$ 11.025 em apenas um dia, US$ 186.791,86 em 30 dias e, após um ano inteiro de negociação, o resultado seria US$ 29.389.237.672.608.055.000. São 29 quintilhões de dólares, cerca de 783 vezes mais do que o valor total de cada dólar em circulação. Obviamente, isso não funcionaria. No entanto, vamos agora supor que o algoritmo, dadas as mesmas regras, faz uma negociação lucrativa apenas 50,1% do tempo, o que significa 1 negociação extra lucrativa a cada 1.000. Após 1 ano, esse algoritmo transformaria US$ 10 mil em US$ 14,4 mil. Depois de 10 anos, pouco menos de US$ 400.000, e depois de 50 anos, US$ 835.437.561.881,32. São 835 bilhões de dólares (confira você mesmo com a calculadora de juros compostos da Moneychimp)

Isso parece muito fácil. Basta usar dados históricos para testar algoritmos até encontrar um que seja pelo menos 50,1% lucrativo, obter US $ 10 mil, e seus filhos serão trilionários. Infelizmente, isso não funciona, e aqui estão alguns dos desafios enfrentados pelos traders algorítmicos:

Erros

O desafio mais óbvio é o de criar um algoritmo livre de erros. Muitos serviços hoje tornam o processo muito mais fácil e não exigem tanta experiência em codificação, mas alguns ainda exigem algum nível de habilidade de codificação e o resto um grau de conhecimento técnico. Como tenho certeza que você pode imaginar, qualquer passo em falso na criação de um algoritmo pode resultar em game over.* É por isso que você provavelmente não deve codificá-lo sozinho, a menos que você realmente saiba como codificar, caso em que você provavelmente ainda deve consultar um amigo!

Dados imprevisíveis

Assim como acontece com a análise técnica como um todo, a expectativa de que os padrões históricos provavelmente se repetirão é a base sobre a qual a negociação algorítmica se apoia. Eventos do Cisne Negro* e fatores imprevisíveis, como notícias, crise global, relatórios trimestrais e assim por diante, podem jogar um algoritmo fora e tornar uma estratégia anterior não lucrativa.

Falta de adaptabilidade

O desafio dos dados imprevisíveis está associado a uma incapacidade de se adaptar às circunstâncias diante de dados novos e contextuais. Dessa forma, atualizações manuais podem ser necessárias. A solução para esse problema é obviamente a IA que aprende, melhora e testa, mas isso está longe da realidade e, se funcionasse, provavelmente não seria tão bom para o mercado, já que alguns players influentes poderiam simplesmente monetizá-la para seu próprio uso (dado que seria uma máquina literal de impressão de dinheiro) ou compartilhá-la com todos, nesse caso, aplica-se o desafio da autodestruição (abaixo).

Derrapagem, volatilidade e falhas de flash.

Como os algoritmos jogam por regras definidas, eles podem ser "enganados" por meio da volatilidade e tornados não lucrativos por meio de derrapagens. Por exemplo, uma pequena altcoin pode saltar vários por cento, para cima ou para baixo, em segundos. Um algoritmo pode ver o preço atingir a ordem de venda limite e acionar a liquidação, apesar do preço simplesmente saltar de volta para o preço anterior ou superior.

Autodestruição

Na ocorrência hipotética de uma IA inteligente que classifica todos os dados disponíveis, identifica os melhores algoritmos de negociação possíveis, os coloca em prática e se adapta às circunstâncias, várias dessas IAs erradicariam suas próprias estratégias de negociação. Por exemplo: digamos que 1 milhão dessas IA's existam (na verdade, muito mais pessoas do que isso usariam se ficassem disponíveis para compra). Todas as IAs descobririam imediatamente o melhor algoritmo e começariam a negociar nele. Se isso acontecesse, o influxo de volume resultante tornaria a estratégia inútil. O mesmo cenário ocorre hoje, exceto sem a IA. Estratégias de negociação realmente boas provavelmente serão descobertas por várias pessoas, depois usadas e compartilhadas até que não sejam mais lucrativas ou tão lucrativas quanto antes. Dessa forma, estratégias e algoritmos realmente bons impedem seu próprio progresso.

Então, esses são os desafios que impedem que a negociação algorítmica seja uma máquina perfeita de impressão de dinheiro de 4 horas semanais. Dito isso, os algoritmos certamente ainda podem ser lucrativos. Muitas grandes empresas e empresas baseiam seus negócios exclusivamente em algoritmos de negociação lucrativos. Assim, embora os bots de negociação não devam ser pensados como dinheiro fácil, eles devem ser considerados como uma disciplina que pode ser dominada se tempo e esforço suficientes forem fornecidos. Aqui estão alguns destaques da negociação algorítmica e como você pode começar:

Backtesting

Uma vez que os algoritmos pegam uma determinada entrada e reagem de acordo, os comerciantes podem testar seus algoritmos contra dados históricos. Por exemplo, seguindo os exemplos anteriores, se o Trader X quiser fazer um algoritmo que negocie em cruzamentos EMA, o Trader X poderia testar o algoritmo executando-o ao longo de todos os anos em que todo o mercado existiu. Os retornos seriam então plotados e, por meio de testes divididos, o Trader X pode chegar a uma fórmula que foi historicamente comprovada que funciona sem nunca ter colocado dinheiro na mesa. Dessa forma, você pode testar seus próprios algoritmos e brincar com diferentes variáveis para ver como elas afetam os retornos gerais. Para experimentar a criação e o uso de um algoritmo de negociação, confira estes sites:

Controle de Riscos

O backtesting é uma ótima maneira de mitigar o risco. A melhor alternativa é através do uso disciplinado e pesquisado de stop losses e trailing stop-loss. Ambas as ferramentas são elaboradas na seção de gerenciamento de riscos.

Simplicidade

Muitas pessoas têm conceitos de negociação de algoritmos que necessitam de código complexo, multicamadas, que envolve vários, se não uma dúzia ou mais, indicadores, padrões ou osciladores. Embora as incógnitas não possam ser contabilizadas, a maioria dos algoritmos bem-sucedidos usados por profissionais e não profissionais são surpreendentemente não complexos. A maioria envolve um indicador, ou talvez a combinação de dois. Sugiro que você siga essa rota estabelecida se estiver entrando em negociação algorítmica, mas, dito isso, se você descobrir um algoritmo extremamente complexo e superior, serei o primeiro a se inscrever!

*Crédito: Livro, Análise Técnica de Criptografia

Como o Bitcoin afetará o futuro?

O Bitcoin foi o primeiro caso de uso bem-sucedido em larga escala de blockchain; a questão de como o blockchain afetará o futuro é uma questão muito maior do que a do impacto potencial do Bitcoin, muito do qual já foi coberto anteriormente. Aqui estão os campos em que o blockchain (e, por extensão, o Bitcoin) terá ou está tendo um efeito importante:

- Gestão da cadeia de suprimentos.
- Gestão logística.
- Gerenciamento seguro de dados.
- Pagamentos e meios de transação transfronteiriços.
- Acompanhamento de royalties de artistas.
- Armazenamento e compartilhamento seguros de dados médicos.
- Mercados NFT.
- Mecanismos de votação e segurança.
- Propriedade verificável de imóveis.
- Mercado Imobiliário.
- Reconciliação de faturas e resolução de disputas.
- Bilhética.
- Garantias financeiras.

- Esforços de recuperação de desastres.
- Conectando fornecedores e distribuidores.
- Rastreamento de origem.
- Votação por procuração.
- Criptomoedas.
- Comprovante de seguro / Apólices de seguro.
- Registros de dados pessoais / de saúde.
- Acesso ao capital.
- Finanças Descentralizadas
- Identificação Digital
- Eficiência de Processos / Logística
- Verificação de dados
- Processamento de sinistros (seguros).
- Proteção IP.
- Digitalização de ativos e instrumentos financeiros.
- Redução da corrupção financeira governamental.
- Jogos online.
- Empréstimos sindicalizados.
- E mais!

Bitcoin é o futuro do dinheiro?

A questão de saber se o Bitcoin em si é o "futuro do dinheiro" é especulação; a verdadeira questão é se a tecnologia por trás do Bitcoin e os sistemas que o Bitcoin incentiva são o futuro do dinheiro. Se assim for, investir em criptomoedas como um todo, bem como Bitcoin (embora o potencial de crescimento em % em Bitcoin seja limitado em relação a moedas menores, dado o volume de dinheiro já nele) é uma aposta muito boa.

A principal tecnologia que alimenta o Bitcoin é o blockchain, e o sistema geral que o Bitcoin incentiva é o da descentralização. Ambos os campos estão explodindo em uma infinidade de casos de uso em expansão e cada um tem o potencial de afetar todos os aspectos da vida, desde pagamentos até trabalho e votação. Para citar a Capgemini Engineering, "ela [blockchain] melhora significativamente a segurança nos setores financeiro, de saúde, cadeia de suprimentos, software e governo". As empresas que usam a tecnologia blockchain incluem Amazon (por meio da AWS), BMW (em logística), Citigroup (em finanças), Facebook (por meio da criação de sua própria criptomoeda), General Electric (cadeia de suprimentos), Google (com BigQuery), IBM, JPmorgan, Microsoft, Mastercard, Nasdaq, Nestlé, Samsung, Square, Tenent, T-Mobile, Nações

Unidas, Vanguard, Walmart e muito mais.[31] A clientela expandida e os produtos alimentados por ou centrados em blockchain sinalizam a continuação do blockchain em um aspecto central da internet e dos serviços offline. Com tudo isso em mente, o Bitcoin não se limita a ter um impacto dentro das criptomoedas, pelo contrário, ele pode e provavelmente inaugurará uma era de blockchain. Em termos de Bitcoin ser o futuro do dinheiro e dos pagamentos, a questão importante é como os governos respondem à ameaça do Bitcoin e das criptomoedas. Alguns, como a China, podem desenvolver suas próprias moedas digitais. Alguns, como El Salvador, podem tornar o Bitcoin moeda legal. Outros ainda podem ignorar as criptomoedas ou bani-las. Seja qual for a forma como os governos reagem, o fato de que eles serão forçados a reagir significa que o Bitcoin foi o carro-chefe que, de uma forma ou de outra, alterará completamente o cenário financeiro do mundo por meio da aplicação bem-sucedida de ativos digitais e impulsionados por blockchain.

---

[31] Baseado em pesquisa da Forbes.

Quantas pessoas são bilionárias do Bitcoin?

É difícil saber quantos bilionários existem no espaço cripto ou mesmo apenas dentro da rede cripto, já que as participações geralmente são divididas em várias contas. No entanto, excluindo as exchanges, existem vinte endereços Bitcoin com o equivalente a US$ 1 bilhão ou mais, e oitenta endereços Bitcoin com o equivalente a US$ 500 milhões ou mais.[32] Esse número pode flutuar facilmente, já que muitas das carteiras no valor de US$ 500 milhões a US$ 1 bilhão podem ultrapassar US$ 1 bilhão em alinhamento com a flutuação do Bitcoin e, como mencionado, os detentores que venderam Bitcoin ou dividiram suas participações em várias carteiras não estão incluídos. Dito isso, é seguro dizer que pelo menos duas dúzias de contas, e pelo menos 1 dúzia de pessoas, ganharam mais de US$ 1 bilhão investindo em Bitcoin. Outras dezenas ganharam centenas de milhões ou bilhões investindo em outras criptomoedas.

---

[32] "Top 100 endereços Bitcoin mais ricos e ...." https://bitinfocharts.com/top-100-richest-bitcoin-addresses.html.

Existem bilionários secretos do Bitcoin?

Satoshi Nakamoto é o principal exemplo de um bilionário secreto e anônimo do Bitcoin. Na pergunta acima (quantas pessoas são bilionárias do Bitcoin?), chegamos à conclusão de que pelo menos 1 dúzia de pessoas ganharam um bilhão de dólares investindo em Bitcoin. Dado esse número, e o fato de que o número de bilionários populares do Bitcoin pode ser contado por um lado (pessoas individuais, não incluindo corporações), é presumível que alguns detentores de Bitcoin em todo o mundo são bilionários do Bitcoin que ficaram fora dos holofotes. Com esse pensamento em mente, você pode, em algum momento, estar passando o dia e cruzado com um bilionário secreto do Bitcoin.

O Bitcoin alcançará a adoção mainstream?

Essa é uma pergunta interessante. Atualmente, cerca de 1% do mundo usa Bitcoin, embora isso se desvie para 20% em lugares como os Estados Unidos e para 0% em outras partes do mundo. Para que uma criptomoeda chegue ao mainstream e à adoção em massa, ela deve servir a algum tipo de utilidade. Geralmente, as criptomoedas têm utilidade como reserva de valor; um método de transação, ou como uma estrutura para construir redes e organizações descentralizadas. O Bitcoin é de longe a maior e mais valiosa criptomoeda, mas não é realmente a melhor criptomoeda em nenhuma dessas categorias. Assim, embora o Bitcoin seja Bitcoin (muito parecido com como você poderia comprar um relógio mais barato do que um Rolex que se encaixa melhor e parece mais agradável, mas você ainda vai com a Rolex) e a marca do Bitcoin tem e vai levá-lo longe, é improvável que seja o líder permanente entre as criptomoedas no mundo. Dito isso, dado seu valor de marca e escala, ele certamente pode alcançar a adoção em massa e mainstream, dadas as tendências de uso atuais e casos de uso no espaço das criptomoedas.

O Bitcoin será tomado por outras criptomoedas?

Vou me referir à pergunta acima para responder a isso. O Bitcoin, embora massivo em escala e marca, não é realmente o melhor em nada no espaço cripto. Não é a melhor reserva de valor, não é a melhor para enviar e receber dinheiro, e não é a melhor como estrutura e rede para os usuários de criptografia operarem e construírem. Assim, no curto prazo, dada a marca pura do Bitcoin e seu monstruoso valor de mercado de US$ 1 trilhão, é improvável que ele seja assumido. No entanto, dentro de décadas ou séculos, é mais do que provável que seja ultrapassado por outras criptomoedas à medida que o valor que a alimenta se desintegra.

Bitcoin pode mudar de PoW?

Sim, o Bitcoin certamente pode mudar de um sistema PoW (prova de trabalho). O Ethereum começou em PoW e deve mudar para PoS (prova de participação) no final de 2021. A mudança tornará o Ethereum muito menos intensivo em energia e mais escalável. Uma transição como essa é certamente possível para o Bitcoin e muitos consideram inevitável um afastamento do PoW.

O Bitcoin foi a primeira criptomoeda?

O infame white paper Bitcoin de Satoshi Nakamoto foi lançado em 2008, e o próprio Bitcoin foi lançado em 2009. Esses eventos são conhecidos como sendo os primeiros de sua respectiva espécie; isso é apenas parcialmente verdade.

No final da década de 1980, um grupo de desenvolvedores na Holanda tentou vincular dinheiro a cartões para evitar o roubo desenfreado de dinheiro. Os caminhoneiros usavam esses cartões em vez de dinheiro; Este talvez seja o primeiro exemplo de dinheiro eletrônico.

Na mesma época do experimento da Holanda, o criptógrafo americano David Chaum conceituou uma moeda transferível e privada baseada em tokens. Ele desenvolveu sua "fórmula cega" para ser usada em criptografia e fundou a empresa DigiCash, que entrou em falência em 1988.

Na década de 1990, várias empresas tentaram ter sucesso onde a DigiCash não tinha; o mais popular deles foi o PayPal de Elon Musk. PayPal introduziu pagamentos P2P fáceis on-line e incorreu na criação de uma empresa chamada e-gold, que oferecia crédito online em troca de medalhas preciosas (o e-gold foi posteriormente fechado pelo governo). Além disso, em 1991, os pesquisadores Stuart Haber e W. Scoot Stornetta descreveram a tecnologia blockchain. Vários anos depois, em 1997, o projeto Hashcash usou um algoritmo de prova de trabalho para gerar e distribuir novas moedas, e muitos recursos acabaram no protocolo Bitcoin. Um ano depois, o desenvolvedor Wei Dai (que dá nome à menor denominação de Ether, Wei) introduziu a ideia de um "sistema de dinheiro eletrônico anônimo e distribuído" chamado B-money. B-money foi concebido para fornecer uma rede descentralizada através da qual os usuários poderiam enviar e receber moeda; Infelizmente, nunca saiu do papel. Logo após o whitepaper B-money, Nick Szabo lançou um projeto chamado Bit Gold, que operava em um sistema PoW (prova de trabalho) completo. O bit gold, na verdade, é relativamente semelhante ao Bitcoin. Todos esses projetos e dezenas de outros eventualmente levaram ao Bitcoin; por essa razão, não se pode dizer que o Bitcoin foi o verdadeiro primeiro em muitos dos conceitos e tecnologias que o alimentam. Dito isso, o Bitcoin é absolutamente e sem dúvida o primeiro sucesso em grande escala de todas as tecnologias que o alimentam; todas as empresas e projetos antes do Bitcoin falharam, mas o Bitcoin ascendeu além do resto e instigou uma enorme mudança global em direção às tecnologias e conceitos que construiu.

O Bitcoin será e poderá ser mais do que uma alternativa ao ouro?

Bitcoin já é "mais" do que uma alternativa ao ouro; Ele alimenta e permite uma rede transacional global com muito menos atrito do que o ouro. No entanto, o Bitcoin é muito mais comparado ao ouro no fato de que ambos são pensados como reservas de valor e um meio de transação. Em relação a isso, o Bitcoin provavelmente nunca será mais do que uma alternativa ao ouro, porque a alternativa dentro da criptomoeda está se tornando uma tecnologia e plataforma como o Ethereum, que permite aos usuários aproveitar sua linguagem de programação, chamada solidity, para criar dApps. O Bitcoin simplesmente não é feito para fazer nada assim, e embora certamente tenha mais utilidade do que o ouro, é um pouco tipo lançado no papel de ser um "ouro digital".

Qual é a latência do Bitcoin e é importante?

Latência é o atraso entre o momento em que uma transação está sendo enviada e o momento em que a rede reconhece a transação; Basicamente, a latência é a defasagem. A latência do Bitcoin é muito alta por design (em relação aos 5-10 segundos da TV aberta) para produzir um novo bloco a cada dez minutos. Reduzir a latência exigiria essencialmente menos trabalho para verificar blocos, o que vai contra o ethos do PoW. Por esse motivo, a latência do Bitcoin não deve ser reduzida. Dito isso, a latência de negociação é um problema para bolsas e traders em bolsas (especialmente traders de arbitragem); à medida que HFT (negociação de alta frequência) e negociação algorítmica se movem para o mercado de criptomoedas, a latência terá importância crescente.

Median Confirmation Time

6.7 min

18.9 min

10.0 min

5.3 min

2.8 min

1.5 min

2009-02-02   blockchain.com/charts   2021-09-03   **33**

---

[33] Fonte: blockchain.com

Quais são algumas teorias da conspiração do Bitcoin?

Bitcoin (e especialmente Satoshi Nakamoto) é um ambiente maduro para teorias da conspiração; Só por diversão, vamos dar uma olhada em alguns. Considere o seguinte completamente fictício, como a maioria das teorias da conspiração são, e nenhuma é crível:

1. *O Bitcoin poderia ter sido criado pela NSA ou outra agência de inteligência dos EUA.* Esta é provavelmente a conspiração Bitcoin mais prevalente; ele afirma que o Bitcoin foi criado pelo governo dos EUA, e que não é tão privado quanto pensamos. Em vez disso, a NSA aparentemente tem acesso backdoor ao algoritmo SHA-256 e usa esse acesso para espionar os usuários.

2. *Bitcoin pode ser uma IA.* Essa teoria afirma que o Bitcoin é uma IA que usa seu motivo econômico para incentivar os usuários a aumentar sua rede. Alguns acreditam que uma agência governamental criou a IA.

3. *O Bitcoin poderia ter sido criado por quatro grandes empresas asiáticas.* Essa teoria é completamente baseada no fato de que o "sa" da Samsung, o "toshi" da Toshiba, o "naka" de Nakamichi e o "moto" da Motorola, em combinação,

formam o nome do misterioso fundador do Bitcoin, Satoshi Nakamoto. Evidência bastante sólida para este.

Por que a maioria das outras moedas geralmente segue o Bitcoin?

Bitcoin é essencialmente a moeda de reserva para criptomoedas, ou semelhante ao Dow e S&P para o mercado de ações. Cerca de 50% do valor no mercado de criptomoedas reside exclusivamente com o Bitcoin, e o Bitcoin é a criptomoeda mais usada e mais conhecida do mundo. Por essas razões, os pares de negociação de Bitcoin são o par mais usado para comprar Altcoins, o que vincula o valor de todas as outras criptomoedas ao Bitcoin. Bitcoin caindo resulta em menos dinheiro sendo colocado em Altcoins, enquanto Bitcoin sobe resulta em mais dinheiro sendo colocado em Altcoins. Por essas razões, a maioria (não todas) as moedas frequentemente (nem sempre) seguem as tendências gerais de alta/baixa do Bitcoin.

O que é Bitcoin Cash?

Como mencionado anteriormente, o Bitcoin tem um problema de escala: a rede simplesmente não é rápida o suficiente para lidar com as grandes quantidades de transações presentes em uma situação de adoção global. À luz disso, um coletivo de mineradores e desenvolvedores de Bitcoin iniciou um hard fork do Bitcoin em 2017. A nova moeda, chamada Bitcoin Cash (BCH), aumentou o tamanho do bloco (para 32MB em 2018), permitindo que a rede processasse mais transações do que o Bitcoin, e mais rápido. Embora o BCH não esteja pronto para substituir ou chegar perto de substituir o Bitcoin, é uma alternativa que resolveu um grande problema, e a questão de como o Bitcoin original irá resolver o mesmo problema ainda precisa ser resolvida.[34]

---

[34] Georgstmk / CC BY-SA 4.0

Como o Bitcoin agirá durante uma recessão?

O Bitcoin tem uma grande chance de ter um bom desempenho durante uma recessão, embora esta não seja uma resposta conclusiva; O Bitcoin surgiu da crise imobiliária de 2008, mas ainda não experimentou nenhuma recessão econômica sustentada e grande desde então (COVID não conta). De muitas maneiras, o Bitcoin serve como um equivalente digital ao ouro, e o ouro historicamente teve um bom desempenho durante as recessões (notadamente, de 2007 a 2012), e a escassez e a natureza descentralizada do Bitcoin poderiam torná-lo um investimento seguro durante uma recessão, que não estaria sujeita ao controle dos governos sobre as moedas fiduciárias e o sistema monetário inflacionário do mundo. Também deve ser notado que o Bitcoin historicamente subiu durante crises de menor escala: Brexit, a Crise do Congresso de 2013 e COVID. Assim, como afirmado anteriormente, o Bitcoin provavelmente terá um bom desempenho durante uma recessão (a menos que uma recessão fique tão ruim que as pessoas simplesmente não tenham dinheiro para investir, caso em que o Bitcoin, assim como todos os ativos, têm pouca chance de experimentar qualquer coisa, exceto vermelho). De qualquer forma, no caso de uma recessão, a maioria das criptomoedas além do Bitcoin (especialmente altcoins menores) definitivamente experimentará perdas maciças; a maioria será praticamente varrida do mapa. Tal cenário seria um evento de filtro massivo para altcoins, o que é muito saudável para o mercado em geral.

Bitcoin pode sobreviver a longo prazo?

O que deve ser considerado é até que ponto o Bitcoin sobreviverá no longo prazo; e até que ponto a adoção e o uso crescerão. Independentemente disso, o Bitcoin existirá em alguma escala nas próximas décadas; as chances de que ele dure em escala pelos próximos séculos são improváveis, dada a concorrência mais recente e as alternativas do Bitcoin. Ainda assim, certamente pode continuar sendo a principal criptomoeda enquanto as criptomoedas estiverem por aí (especialmente se atualizações, como a rede de iluminação, forem implementadas); A probabilidade anterior é baseada puramente no fato de que a primeira de seu tipo geralmente não é a melhor de seu tipo, e a maioria das moedas ao longo da história não dura (em escala) por nenhuma porção significativa de tempo.

Qual é o objetivo final do Bitcoin e das criptos?

A visão final da criptomoeda realiza o seguinte:

1. Para o Bitcoin, especificamente, para permitir que os usuários enviem dinheiro pela internet de forma segura sem depender de uma instituição central, em vez disso, confiando em provas criptográficas.

2. Elimine a necessidade de intermediários e diminua o atrito em cadeias de suprimentos, bancos, imóveis, direito e outros campos.

3. Eliminar os perigos enfrentados pelo ambiente inflacionário e selvagem (em termos de controle do governo, uma vez que as moedas fiduciárias foram retiradas do padrão-ouro) das moedas fiduciárias.

4. Permita um controle completamente seguro sobre os ativos pessoais sem depender de instituições de terceiros.

5. Habilite soluções de blockchain nas áreas médica, logística, votação e finanças, além de onde mais essas soluções possam ser aplicadas.

Bitcoin é muito caro para usar como criptomoeda?

O preço absoluto é em grande parte irrelevante para as criptomoedas (bem como para as ações, como já escrevi em outros livros). Embora esta resposta tenha sido abordada em outro lugar nas regras de negociação, vou recapitular a seção relevante abaixo:

Dado que a oferta e o preço inicial podem ser definidos/alterados, o preço em si é em grande parte irrelevante sem contexto. Só porque a Binance Coin (BNB) está em US$ 500 e a Ripple (XRP) está em US$ 1,80 não significa que o XRP vale 277x o valor do BNB; As duas moedas estão atualmente dentro de 10% do valor de mercado uma da outra. Quando uma criptomoeda é criada pela primeira vez, o fornecimento é definido pela equipe por trás do ativo. A equipe pode optar por criar 1 trilhão de moedas, ou 10 milhões. Olhando para XRP e BNB, podemos ver que a Ripple tem cerca de 45 bilhões de moedas em circulação, e a Binance Coin tem 150 milhões. Dessa forma, o preço realmente não importa. Uma moeda a US$ 0,0003 pode valer mais do que uma moeda a US$ 10.000 em termos de valor de mercado, oferta circulante, volume, usuários, utilidade, etc. O preço importa ainda menos devido ao advento das ações fracionárias, que permite aos investidores investir qualquer quantia de dinheiro em uma moeda ou token, independentemente do preço. O único grande impacto do preço está no impacto psicológico, que deve ser examinado ao negociar Bitcoin e altcoins.

Quão popular é o Bitcoin?

Pelo menos 1,3% do mundo atualmente possui Bitcoin, o que, considerando o meio bilhão de endereços Bitcoin existentes, o torna bastante popular. Esse número inclui 46 milhões de americanos, o que representa 14% da população e 21% dos adultos,[35] enquanto outro estudo descobriu que 5% dos europeus possuem Bitcoin.[36] Mais notável, no entanto, é a taxa exponencial de aumento. Menos de um

milhão de carteiras de Bitcoin existiam em 2014, representando um aumento de 75x desde então, e uma taxa de crescimento de 10x

---

[35] "Estatísticas demográficas dos Estados Unidos ...."
https://www.infoplease.com/us/census/demographic-statistics.
[36] • Gráfico: Quantos consumidores possuem criptomoedas? | Estatista." 20 de agosto de 2018, https://www.statista.com/chart/15137/how-many-consumers-own-cryptocurrency/.

(1.000%)   por   ano.
[37]Tais tendências não dão sinais de parar, e o crescimento, quando muito, está apenas se recuperando. Então, resumidamente, o Bitcoin é notavelmente popular e provavelmente atingirá o ponto de inflexão da adoção em massa nas próximas décadas.

---

[37] "Blockchain.com." https://www.blockchain.com/. Acesso em 9 jun. 2021.

Livros

- Dominando o Bitcoin – Andreas M. Antonopoulos

- A Internet do Dinheiro - Andreas M. Antonopoulos

- O Padrão Bitcoin – Saifedean Ammous

- A Era da Criptomoeda – Paul Vigna

- Ouro Digital – Nathaniel Popper

- Bilionários do Bitcoin – Ben Mezrich

- O Básico de Bitcoins e Blockchains – Antony Lewis

- Revolução Blockchain – Don Tapscott

- Criptoativos - Chris Burniske e Jack Tatar

- A Era da Criptomoeda - Paul Vigna e Michael J. Casey

Intercâmbios

- Binance - binance.com (binance.us para residentes nos EUA)
- Coinbase – coinbase.com
- Kraken – kraken.com
- Cripto – crypto.com
- Gêmeos – gemini.com
- eToro – etoro.com

Podcasts

- O que o Bitcoin fez por Peter McCormack (Bitcoin)
- Histórias não contadas (primeiras histórias)
- Unchained por Laura Shin (entrevistas)
- Baselayer por David Nage (discussões)
- The Breakdown, de Nathaniel Whittemore (curta)
- Crypto Campfire Podcast (descontraído)
- Ivan em Tecnologia (atualizações)
- HASHR8 por Whit Gibbs (técnico)
- Opiniões sem reservas de Ryan Selkis (entrevistas)

Serviços de Notícias

- CoinDesk – coindesk.com

- CoinTelegraph – cointelegraph.com

- TodayOnChain – todayonchain.com

- NotíciasBTC – newsbtc.com

- Revista Bitcoin – bitcoinmagazine.com

- Ardósia Cripto – cryptoslate.com

- Bitcoin.com – news.bitcoin.com

- Blockonomi – blockonomi

Serviços de gráficos

- TradingView – tradingview.com

- CryptoView – cryptoview.com

- Altrady – Altrady.com

- Coinigy – Coinigry.com

- Trader de Moedas - Cointrader.pro

- CryptoWatch – Cryptowat.ch

Canais do YouTube

- Benjamim Cowen

    Hatps://vv.youtube.com/channel/ukrvak-ux-w0soig

- Espaço do Escritório

    Hatps://vv.youtube.com/c/koinbureyu

- Moscas

    https://www.youtube.com/c/Forflies

- DataDash

    Hatps://vv.youtube.com/c/datadash

- Sheldon Evans

Hatps://vv.youtube.com/c/sheldonevan

- Antônio Pompliano

    Hatps://vv.youtube.com/channel/usevspell8knynav-nakz4m2w

- Aimstone

  https://www.youtube.com/channel/UC7S9sRXUBrtF0nKTv LY3fwg/abou t

- Cotovia Davis

  Hatps://vv.youtube.com/channel/ucl2okaw8hdar_kbkidd2kal ia

- Altcoin Diário

  https://www.youtube.com/channel/UCbLhGKVY-

bJPcawebgtNfbw

www.ingramcontent.com/pod-product-compliance
Lightning Source LLC
Chambersburg PA
CBHW071414210326
41597CB00020B/3496